長吉秀夫

あたらしい大麻入門

GS
幻冬舎新書
754

あたらしい大麻入門／目次

第二章　医療大麻合法化の流れ　41

DTP 美創

はじめに

日本人にとって大麻はなくてはならない植物だった

健康を願い、子どもの名前に「麻」の字を使う

大麻は古来、日本文化と深い関わりがある。こう書くと、驚くひとも多いだろう。有名人や学生たちによる所持や吸引などの大麻事件があるたびに、テレビや新聞で大きく報道される。大麻は、一度でも手を出したら人生を台無しにする恐ろしい麻薬だと、ほとんどの日本人は認識しているのではないか。

しかし、戦前までの大麻のイメージは、まったく違っていた。

「麻の中の蓬(よもぎ)」ということわざがある。曲がりやすい植物のヨモギも、まっすぐに伸びる大麻の中では曲がらずに育つことから、善良なひとと交われば自然と感化されて善人にな

るという喩えである。

生まれた子どもに麻柄の産着を着せ、健康にすくすくと育つことを願い、麻子や麻美など「麻」の字を使った名前を付ける。日本人にとって大麻とは、健康的で清潔なイメージを持つものだった。

また、大麻に由来する地名も日本には多い。神奈川県川崎市の麻生区や、東京都港区の麻布、北海道江別市の大麻などがそれである。

１９５４年には約３万７０００軒の大麻農家が存在し、全国各地に大麻畑があった。大麻畑は、日本の原風景の一部だったのである。

古代人も大麻を使っていた

福井県の鳥浜貝塚や青森県の三内丸山遺跡からは、縄文時代の大麻繊維や炭化した麻の実（大麻の種子）がみつかっている。また、福岡県の板付遺跡からは、弥生時代の大麻織物が出土している。

古代から日本人は、大麻繊維を布や袋や衣類、ロープなどの材料として使ってきたのだ。炭化した麻の実は土器の中でもみつかっていることから、食用としていたとも考えられている。麻の実には、良質なタンパク質などの栄養素が豊富に含まれているのだ。現在も食用としており、身近なところでは七味唐辛子の薬味の一つとして入っている。ときどき出てくる3ミリ程度の丸い粒は麻の実だ。

現代では、「麻子仁(ましにん)」という名で漢方薬としても使われており、便秘の改善や滋養強壮にも効果があるという。これは、麻の実に豊富に含まれるリノール酸やオレイン酸などの油脂成分によるものだ。

また、麻の実が実る花穂(かすい)には、鎮痛作用や精神を安定させる効果の成分がある。そのまま食べてもいいが、花穂を燃やして煙を吸飲することで強い効果を得ることができる。間接的な証拠からの推測ではあるが、古代人がこのような効果を薬や宗教的儀式に利用した可能性もある。

古代から重要な農作物だった大麻は、やがて稲と同様に神聖な植物として扱われるようになっていった。

大麻がなければ天皇に即位できない

大麻は神道でも重要な植物とされている。

大麻の紐は、結界を張るために使われる。麻紐の結界は、現存する日本最古の書物である『古事記』に書かれた日本神話の天岩戸伝説にも登場する。

太陽神・天照大神が岩戸に隠れてしまったために世界が暗闇と化した。八百万の神々が相談して策を練り、何とかして彼女を岩戸から連れ出そうとする。やがて出てきた天照大神が再び中に入らないように、麻の神様が岩戸に麻縄を張る場面がそれだ。

大麻繊維は、独特の製法で精麻に加工され、神社の注連縄や鈴緒、お祓いの道具である幣にも使われている。また、伊勢神宮の御札は「神宮大麻」と呼ばれていて、中には精麻が入っている。神道では、この精麻こそが、清

神社や神棚などで使われる注連縄は麻でできている

めの象徴なのである。

相撲の横綱も大麻繊維で作られている。大麻繊維を晒で巻き、紐状にしたものを大勢の力士が綱により合わせていく。力を込めて大麻の綱を作ることで、横綱の神聖性を高めるのだろう。

また、天皇即位に伴う儀式である大嘗祭でも、「あらたえ」と呼ばれる大麻の布が、なくてはならない重要な道具として使われる。天皇に即位する者は、この布を媒介として神とつながり、天皇となるのだ。この儀式は一般に公開されない秘儀のため、どのような使われ方をするのかは、明らかにされていない。

大麻を宗教的儀礼に使うケースは世界各国にもある。そのほとんどが薬効成分による変性意識状態を引き起こす使い方で、神道のように繊維そのものを神聖化するのは珍しいといわれている。

日本政府は国力をあげるために大麻栽培を奨励した

大麻繊維は、布だけではなく畳表の縦糸や下駄の鼻緒、蚊帳、漁網、釣り糸、物干し綱など、さまざまな生活必需品の原材料としても広く使用されてきた。

江戸時代以前、大麻織物は武家の装束などに多くの需要が見込まれ、美濃布、木曽麻、岡地苧、鹿沼麻（野州麻）、雫石麻、上州苧など、全国各地に優れた大麻製品が特産品として存在した。

明治維新後、日本政府は国力を高めるために、繊維産業に力を注いでいく。

北海道を開拓し、西洋式農法の導入が奨励され、大麦からビールを造り、甜菜から砂糖を作るとともに、大麻や亜麻から繊維を作る官営事業が推し進められていった。

大麻繊維は丈夫で水にも強いため、当時は、軍服や軍艦の舫ロープなどの軍需物資としても国家レベルで研究されていた。そして１９０７年、渋沢栄一や安田善次郎、大倉喜八郎などによって帝国製麻株式会社が設立され、大麻は日本の軍需産業の中心を担っていく。

その後も第二次世界大戦で需要が伸び、大麻繊維産業は重要なものとなっていった。

ＧＨＱによって禁止された大麻

大麻の全面禁止を必死に避けようとした日本政府

第二次世界大戦終戦直後の１９４８年、「大麻取締法」がＧＨＱ（連合国軍最高司令官

総司令部）の指示により、占領政策として施行された。
この時点で、日本では大麻乱用などの事件はなく、大麻草は繊維や食料として重要な農作物だったにもかかわらず、GHQは、国内の大麻草の全面禁止を指示したのである。
このままでは3万軒以上存在している大麻生産農家が全滅してしまう。審議を行った国会でも、「なぜこの植物を全面的に禁止する必要があるのかわからない」という意見が多くあげられていた。
ある国会議員は、法案審議の中で以下のように発言している。

「私の地方では、大麻を作つて、げたの緒どころじやない。衣料を買えない農家が衣料にしておるのが非常に多い。これは地方にとつてはぜひ必要なものであつて、この作付を制限したり、監督を嚴重にしたりすることによつて、地方におけるそういう実情を無視し、あるいは農家の自己消費を非常に困難ならしめるというようなことがあつてはならない。（原文通り）」

（第7回国会　衆議院厚生委員会議事録より抜粋）

国会や厚生省の懸命な努力によって、全面禁止という事態は免れたが、厳しい免許制度が施行され、医療用としての使用も禁止された。そのため、多くの大麻繊維製品市場は、ナイロンやビニール、プラスチックなどの石油由来製品が席巻することとなる。

その結果、日本の大麻繊維産業は事実上消滅し、2024年現在では、大麻農家はわずか30軒しか残っていない。日本の原風景の中にあった大麻は、日本人の記憶から消え去ってしまった。

戦後、放置され続けてきた大麻取締法

GHQの指示を受け入れてできた大麻取締法は、根本的な見直しがされないまま、70年以上放置されてきた。

施行当初は、日本の大麻農家を守るための運用がされていた。つまり、免許を受けた大麻取扱者だけが栽培、所持、譲渡することを認めていたのが大麻取締法であったのだ。

しかし、ヒッピーブームとともに、大麻は吸引すると変性意識を引き起こす「マリファナ」という薬物として広がっていく。そのため1970年代後半から薬物の乱用防止に力点が置かれ、大麻取締法は薬物政策として運用される傾向が強まっていった。

その理由は、大麻に含まれる薬効成分「THC（テトラ・ヒドロ・カンナビノール）」

の有害性にあった。当時の日本では、ほとんどの日本人は大麻吸引の経験はなく、マリファナが日本古来の大麻であることを知らない者も多かった。

日本では科学的な検証が行われていない大麻の有害性

大麻取締法では、大麻の医療利用が全面的に禁止された。戦前には喘息の咳止めとして、大麻タバコや大麻チンキなどが当たり前に薬局で販売されていたのに、である。

さらに大麻取締法では、大麻による医療行為だけではなく、研究までもが禁止されてしまった。そのため日本では、大麻の有害性や有用性についての科学的な検証はなにも行われていない。

一方欧米では、1990年代に、医療用としての大麻の研究が急速に進んでいった。

それまでも民間療法のように施用していた大麻だったが、その薬効について科学的なメカニズムが解明されていくと、多くの疾病に効果があることや、それまでいわれていたほどの重篤な依存性がないこともわかってきた。

てんかん治療が法改正のきっかけ

こうして大麻についての新たな情報が拡散されていくことで、規制の緩和を求める動きが世界的に広まっていくことになる。特に、大麻のもう一つの主成分である「CBD（カンナビジオール）」が小児てんかんに効果があることが注目され、医療大麻解禁への動きが加速していく。

CBDの有用性、特に小児てんかんのけいれん発作に効果があることは、ネット動画でも拡散され、世界中の小児てんかんの子どもを持つ家族や関係者に、大きな希望を与えた。

小児てんかんだけではない。大麻には末期がんなどの疼痛や食欲不振などにも効果があり、その結果、免疫力があがることも知られている。そのため、一般の医療ではカバーできない症状を緩和させるための民間治療として広まっていった。その波は政治家や国をも動かし、世界各国が法改正へと向かっていったのである。

そしてついに、日本も法改正に踏み切った。

てんかん治療に効果がある大麻由来医薬品の施術を可能にするための動きが、今回の法改正の大きなきっかけとなったのである。

「ダメ。ゼッタイ。」で思考停止する日本人

いったいなにがダメなのか

大麻を規制する理由は、ＴＨＣが有害であるということだ。では、ＴＨＣは人体にとってどれくらい有害なのだろうか。

海外では研究が進み、ＴＨＣには考えられていたほどの重篤な有害性はないというのが一般的な認識となっている。そのため、国連主導で規制の見直しがはじまり、欧米やタイなどでは有害性の程度に応じた規制緩和と、量刑の引き下げが行われている。

こうした国際的な大麻の規制緩和は、医療大麻の合法化と、ＴＨＣによる公衆衛生への影響と量刑とのバランスの見直しが目的である。

薬物政策に厳しい姿勢をとってきたアメリカ連邦政府も、ＴＨＣの有害性ランクを見直し、大麻で捕まったひとたちへの恩赦を行うと、バイデン大統領が発表している。

しかし前述の通り、日本ではＴＨＣが人間に与える影響の研究は行われておらず、科学的なデータが不足している。日本の大麻問題の根本的な原因はここにある。

雰囲気に流されていく規制の強化

今回の法改正で、大麻の医療利用は合法化された。しかし、今までもあった所持罪に加えて、使用罪も適用された。さらに、5年以下だった懲役刑が7年以下に変更されたことで、旧法よりも厳しい規制となった。その目的は、大麻乱用の防止である。

海外の規制緩和のニュースや、THCや大麻の最新データは、インターネットをみればすぐに入手できる。そのことが、大麻の乱用に拍車をかけていると厚生労働省は主張する。しかし待ってほしい。どれくらい有害なのか明確な指標がないまま、法改正を行うことに、筆者は強い疑問を感じる。

今回の法改正には、裏付けとして採用された海外のデータはあるが、いくつもあるデータの中からなぜそれを選んだのか。その選択は妥当だったのか、そしてその根拠はどこにあるのか、いずれも判然としない。

THCの有害性について科学的な検討がほとんどなされずに規制を続けていくことに、問題はないのだろうか。

法律を守らないことは犯罪である。しかし、その法律の大前提が、もしも間違っていたら……？

「とにかく違法だから、大麻は絶対にダメ」というメッセージに懐疑的なひとたちの中には、「間違っているのは法律だから、大麻を使用してもいいのだ」と主張する者もいる。

筆者は、公衆衛生における大麻の影響を科学的に分析した上で、バランスの取れた量刑やルールにするべきだと考えている。

厚労省は、今後も研究を続けて、THCをどのように規制していくかを検討していく姿勢をみせている。規制する側もされる側も、これが初めての法改正である。今後、研究や議論を重ね、よりよい方向へとこの法律を修正していくことが大切だ。

大麻の問題は、命や人生に関わる問題でもある。

この問題を解決していくには、戦後どのように大麻規制が行われてきたのか、そして、どのように法改正がなされたのかを正しく知る必要がある。

実はこの本の出版は、大麻取締法改正案が国会を通過した2023年12月に決まった。しかし、THC残留限度値や検査・運用方法の準備に時間がかかり、法案通過から2024年12月の施行まで、1年を要した。

1948年に施行された大麻取締法は、戦後の混乱期に作られた法律だったこともあり、成立した経緯に不明点が多い。

今回、大麻取締法が75年ぶりに改正された。この記録は是非とも残したい。そんな思いから関係者に取材を重ね、今回の法改正から施行までの1年間をつぶさに取材し、記録に留めるように留意した。

本書では、それらの経緯をなるべくわかりやすく書いていこうと思う。

それでは、75年ぶりに改正された法律の内容や文化的背景について、詳しく解説していこう。

第一章 大麻取締法改正における主な変更点

大麻取締法を刷新し、2つの新法によって運用

2つの新法

今回の法改正には少々ややこしい部分があるので、まずはざっくりと概要を説明しよう。旧法である大麻取締法は刷新され、栽培免許に特化した法律と、薬効成分を管理する法律の2つで運用されることになった。以下がその2つだ。

大麻草栽培法（大麻草の栽培の規制に関する法律）

栽培免許を3つに分け、大麻草の栽培ルールに特化した法律に生まれ変わった。

麻向法（麻薬及び向精神薬取締法）

麻薬や向精神薬の運用を定める法律で、これまでも規制されてきた「大麻」とTHCという薬効成分は、この法律で引き続き規制される。

「大麻草栽培法」のあたらしい栽培免許は3種類

新法では、ＴＨＣの濃度と栽培目的によって免許の種類が分類される。

産業のために使われる原料生産には「第一種大麻草採取栽培者」の免許が、医薬品の原料生産のためには「第二種大麻草採取栽培者」として栽培免許が交付される。

また、大麻草の栽培・研究には、これまでと同様に「大麻草研究栽培者」の免許が必要となっている。

第一種大麻草採取栽培者免許

繊維・木質・種の採取や、ＣＢＤなどの成分を抽出することを栽培目的とする。

０・３％以下の低濃度ＴＨＣ品種のみに栽培が限定されている。この品種は陶酔成分であるＴＨＣの体感がないため、大麻とは区別して「ヘンプ」と呼ばれている。

免許の有効期間は、交付から翌々年の12月31日まで。改正前は1年間であったが最長3年間に延長された。これにより、安定した大麻栽培と経営が可能になったといえるだろう。

この免許は、都道府県知事によって交付される。

第二種大麻草採取栽培者免許

薬用品種の栽培と採取を許諾する免許。そのため第一種とは異なり、ＴＨＣ濃度に上限はない。高濃度ＴＨＣ品種だけではなく、医療用のＣＢＤ品種もこの免許で栽培したものが使用される。

免許の有効期間は、交付された年の12月31日までであり、最長1年間である。厚生労働大臣によって交付される。

大麻草研究栽培者免許

研究目的で、大麻草を栽培するための免許。ＴＨＣ濃度に規制はない。収穫物の販売や譲渡はできないが、品種改良、新素材や新薬開発などの各種研究に必要な免許である。

免許の有効期間は、交付された年の12月31日までであり、最長1年間。厚生労働大臣によって交付される。

大麻草の加工について

さらに新法では、大麻の有効成分を抽出するなどの加工を行うために、第一種及び第二種大麻栽培免許とは別に、「大麻草の加工の許可申請」を行う必要がある。この許可を受けたものは、大麻栽培免許を持っていなくても加工は可能である。

つまり、大麻の圃場（ほじょう）とは別の場所にある工場でも、抽出や加工ができるということだ。「大麻草の加工の許可申請」は、厚生労働省に6カ月ごとに行う必要がある。

主な変更点は「THC濃度の規制」「医療大麻合法化」「使用罪適用」

法改正のポイントは3つ

変更点① THC濃度による規制

旧法では、大麻草の花穂や葉などの部位が規制対象だった。

しかし国際社会では、THCの濃度によって規制する方法が主流である。そのためわが国でも、THCの濃度規制という新たなルールが加えられ、前述のように、THC濃度が低い品種と高い品種で、栽培可能な免許を分けることになったのだ。

ただし、法改正検討段階では、部位規制は廃止になると予想されていたが、引き続き「大麻」自体も規制対象のままとなっている。

変更点② 医療大麻の合法化

今回の法改正の大きな理由は、医療利用の合法化である。そのためには、大麻の医療利用を全面的に禁止してきた旧法を刷新する必要があった。これは、大麻の医療利用を規制してきた国際条約の改定に伴うものである。

さらに、わが国では大麻由来医薬品の治験は可能との国会答弁も、医療大麻合法化の大きな理由であった（53ページ以降で詳述）。

THCと「大麻」は、麻薬や向精神薬の運用を定める麻向法によって規制されることになり、これによりTHCと「大麻」は、モルヒネなどと同様に、医師の処方箋があれば医療利用が可能となったのである。

変更点③ THCと「大麻」に使用罪を適用

旧法の大麻取締法には所持罪しか存在していなかった。

第二十四条の二　大麻を、みだりに、所持し、譲り受け、又は譲り渡した者は、五年以下の懲役に処する。

ここにTHCを摂取することへの規制はない。つまり尿検査などでTHC反応が陽性だったとしても、大麻そのものを所持していることが証明できなければ、逮捕することができなかったのである。

しかし今回、THCと「大麻」が麻向法で規制されるようになったことで、麻向法に存在していた使用罪が新たに適用されることになった。ここでいう使用とは、吸入や飲食によって大麻に含まれるTHCを摂取することだ。これにより、体内からTHC反応が出たら、大麻を所持していなくても逮捕することができるようになった。

今までの部位規制とともに、THC濃度規制も加わったことで、規制対象の範囲が広がった。大麻取締法では違法所持・栽培は懲役5年以下であったが、麻向法での罰則は7年以下の懲役である。

さらに大麻草栽培法では、無許可栽培をした場合は、10年以下の懲役が科せられることになり、結果的に以前よりも厳しい規制となったのである。

規制される「大麻」とはなにか？

THCとはなにか？

ところで、ここまで何度も出てきているTHCとは何なのか、簡単に解説しておこう。

厚生労働省のホームページには、大麻とTHCの乱用によって、「知覚の変化」「学習能力の低下」「運動失調」「精神障害」「知能指数の低下」「薬物依存」などの心身への影響があると記載されている。

その原因となるのが、大麻の花穂や葉に含まれるTHCだ。「テトラ・ヒドロ・カンナビノール」の略称であり、大麻の主成分の一つである。

THCを吸引や経口摂取すると、「ハイ」と呼ばれる精神状態を引き起こす。いわゆる嗜好用の大麻にはなくてはならない成分だ。これが原因で、大麻は世界的に規制物質として扱われてきた。

その一方で、THCには以前考えられていたよりも有害性が低く、医療価値があることが、近年の研究で明らかになってきている。その結果、大麻に関する国際条約でＴＨＣや「大麻」の規制基準が改正されたのである。

ＴＨＣが含まれていなくても規制される大麻草

今回の法改正は、ＴＨＣ濃度に対しての成分規制だといわれてきた。しかし、実際に明らかにされた改正法をみると、麻向法に「大麻」の規制が明示されている。

その規制される「大麻」の定義は、次のように書かれている。

　大麻草（その種子及び成熟した茎を除く。）及びその製品（大麻草としての形状を有しないものを除く。）をいう

つまり、大麻草栽培法ではＴＨＣ濃度によって大麻を分類し規制するとしておきながら、麻向法では、「大麻」の形をしているすべてが規制対象となるわけだ。ここに矛盾が生じている。

しかも国は、大麻取締法が施行されてから現在まで、「大麻」の有害性について、一度

（2023年10月26日版）

改正法
大麻草の栽培の規制に関する法律（略して「大麻草栽培法」）
大麻草の栽培の適正を図る 麻向法と相まって、保健衛生上の危害を防止し、公共の福祉に寄与する
大麻、Δ^9-THC、Δ^8-THC を麻薬に指定 大麻草としての形状を有するもの 政令で定める基準値を超える大麻草
医療及び産業の分野への利用 （例）大麻由来医薬品、国産のCBD製品、バイオプラスチック、建材、ヘンプ食品など
第一種大麻草採取栽培者（一般製品原料）：都道府県知事の免許 第二種大麻草採取栽培者（医薬品原料）：厚生労働大臣の免許 大麻草研究栽培者：厚生労働大臣の免許
全国的な統一基準を設ける THCが基準値以下の大麻草であれば、特に厳しい防犯態勢を求めない THCが基準値を超える大麻草は、厳格な管理下で栽培可
第一種大麻草採取栽培者：3年 第二種大麻草採取栽培者及び大麻草研究栽培者：1年
国内生産、全国流通可。ただし、発芽不能処理をすること
海外品種は大麻草採取栽培者が輸入可 大麻草採取栽培者間の譲渡可
第一種大麻草採取栽培者が、厚生労働大臣の許可を得て自社加工と委託加工が可能
THC残留限度値を設定 THC検査体制を整備 CBD医薬品が承認後に食薬区分の対象 CBD化粧品は、ポジティブリストの対象
〈大麻草栽培法〉 無許可栽培：1年以上10年以下 無許可栽培（営利）：1年以上及び500万円 THC基準を超えるものを栽培：7年以下 記載などの違反：1年以下または20万円以下 種子譲渡・無許可加工：3年以下または50万円以下 〈麻向法〉 所持・使用・譲渡：7年以下 営利：1年以上10年以下または1年以上10年以下及び300万円

参考：大麻草の栽培の規制に関する法律案、麻薬及び向精神薬取締法を一部改正する法律案
https://www.mhlw.go.jp/stf/topics/bukyoku/soumu/houritu/212.html

産業用ヘンプの観点からみた大麻取締法の主な改正点

	現行法
法律名称	大麻取締法
法律の目的	目的規定なし
規制の対象	植物部位による規制 （花穂、葉、未熟な茎、根が規制対象。成熟した茎、種子は合法）
栽培の目的	新規栽培を禁止する運用、神事や伝統的な利用に限定
免許の種類	大麻栽培者、大麻研究者：都道府県知事の免許
栽培地要件	都道府県ごとに対応がバラバラ THC濃度に関係なく、高いフェンスで囲む、監視カメラの設置など厳しい防犯態勢が求められた
免許期間	1年（対象年の12月31日まで）
食用／飼料用種子	発芽不能処理をすること
播種用種子	海外品種の輸入禁止 種子譲渡は原則禁止
花葉の加工	全面禁止
CBD製品	THC基準値なし
罰則	〈大麻取締法〉 栽培・輸出入：7年以下の懲役 栽培・輸出入（営利）：10年以下の懲役・300万円 所持・譲り受け：5年以下 所持・譲り受け（営利）：7年以下・200万円

注：麻向法＝麻薬及び向精神薬取締法

も科学的な立証をしてこなかった。「大麻」とはなにか？　という基本的な問いかけにも、明確な回答を出していない。

法改正後も、麻向法で「大麻」が規制されることになったわけだが、ＴＨＣとともに、「大麻」についてもどのような物質であるかを、国は明示する必要があるだろう。

矛盾する2つの規制

麻向法で「大麻」そのものを規制するということは、ＴＨＣの含有量の低いヘンプも規制することになる。ひいては、そこに含まれているＣＢＤやその他の成分も規制されることにならないだろうか。

小児てんかんに有効とされる高濃度ＣＢＤを含むヘンプは、ＣＢＤを抽出せずとも、そのまま飲食または喫煙することで摂取できる。

第一種大麻草採取栽培者免許を取得して、高濃度ＣＢＤ品種のヘンプを栽培し、その花穂を食べたりＣＢＤオイルを作ったりすることができれば、自由度やコストの面でも利用者の負担が軽減されるはずだ。しかし新法では「大麻」の使用は禁止されており、これらの行為は厳しく罰せられることになる。

第二章　医療大麻合法化の流れ

医療大麻は
どのようにして合法化されたのか

世界の医療大麻合法化の波はアメリカの少女からはじまった

２０１３年。アメリカのテレビ局ＣＮＮの番組が、全米を騒然とさせた。番組の主人公は、シャーロットという名の幼い少女だった。シャーロットは、生後３カ月を過ぎた頃から頻繁にけいれんを起こすようになる。病院で診てもらったところ、ドラベ症候群と診断された。ドラベ症候群とは乳児重症ミオクロニーてんかんとも呼ばれる、乳幼児期に発症する難治性てんかんの一つである。重度のけいれん発作を抑えるために、複数の薬を併用するが、発作の抑制は難しい。

そんな時、シャーロットの父親は、カリフォルニア州で撮影された映像を目にして驚いた。娘と同じドラベ症候群の幼い患者が、大麻を服用するなどして治療に成功しているというのだ。ある男の子は、ＣＢＤという薬効成分が多く含まれる品種の大麻を使用していた。科学者たちは、てんかんの原因となる脳内の過剰な電気化学的活動をＣＢＤが抑制しているのではないかと分析していた。

シャーロットの住むコロラド州は、カリフォルニア州と同様に、２０００年に実施された住民投票で医療大麻が承認されており、州法で合法となっている。彼女の両親はさっそく、高濃度ＣＢＤ品種の大麻を手に入れ、シャーロットに服用させたところ、発作がほとんど治まったのだ。

この番組は、大変な評判を巻き起こした。大麻が薬として有用であることが明らかになり、てんかんの患者やその家族に大きな希望をもたらしたのだ。その事実は、政治家や市民団体を巻き込んだ大きな社会運動へと発展していく。これらの動きがメディアやインターネットを通じて知れ渡り、世界的な医療大麻の合法化がはじまったのである。

日本の医療大麻合法化運動の流れ

大麻取締法では、大麻から製造された医薬品を医師が施用することも、研究することも、患者が施用を受けることも禁じられていた。これが、大麻を再び利用しはじめた各国の動きに、日本が大きく後れをとった理由である。

日本で医療大麻合法化に向けた活動がはじまったのは、１９９９年８月のこと。大麻関連商品を販売するショップ「大麻堂」やヘンプナッツを輸入販売する「ヘンプキッチン」のオーナーであった社会活動家の故・前田耕一氏が、「医療大麻を考える会」（２０１０年にNPO法人化）を任意団体として設立したのが、その端緒である。

前田氏は、指定難病である多発性硬化症の患者たちに呼びかけ、医療大麻についての勉強会などを開始した。中枢神経系の疾患であるため、大麻の薬用効果が見込めると氏は考えたのだ。やがて自宅で大麻を栽培して使用する患者や、それを支援する大麻愛好家が現れた。

大麻は痛みに効く、食欲が出る、眠れる、そして、気分が晴れて前向きな思考になる。がんやてんかんにも有効である。うつ病にも効果があるため、向精神薬の副作用に悩むひとたちの中にも、自己治療目的で大麻を使用している者が存在する。

こうした情報はインターネットを介して簡単に入手できることから、国が発信している大麻に関する情報に、疑問を持つひとが増えていったのだ。

その後、日本の医療大麻合法化運動は、いくつかのグループが中心となって展開されていく。１９９９年に設立された麻生結氏らによる市民団体「カンナビスト」は、大麻の「非犯罪化」（違法ではあるものの刑罰は設けないようにすること）を訴えて、毎年5月にデモ行進「マリファナマーチ」を開催している。デモ行進は新潟や関西でも行われ、参加者が1000人を超える年もあったという。

関西カンナビストには、『大麻の社会学』（青弓社）の著者である、佛教大学の山本奈生准教授も参加している。2012年以降、東京では、医療大麻合法化もスローガンに加えられ、有志たちによるマリファナマーチ運営委員会に引き継がれている。

大麻非犯罪化の手段として輸入されたCBD

株式会社あさやけの代表である白坂和彦氏は、国内で最初にCBD製品を正規に販売した人物である。

それ以前の白坂氏は、大麻解放運動の一環として、大麻による逮捕者への裁判支援や海外の情報を発信することを目的とした「大麻報道センター（THC）」という任意団体を立ち上げ、活動を行っていた。そのスタッフの中に、海外から参加していたJ・エリック・イングリング氏がいた。彼は、ジャック・ヘラーの著作『大麻草と文明』（築地書館）の翻訳者でもある。

白坂氏は、イングリング氏の親戚のてんかん発作が、CBDオイルによってよくなっているという話を聞き、さっそくＣＢＤ製品の輸入について厚労省に問い合わせた。

厚労省が検討した結果、「茎から作られた製品であればよい」との回答を得た。これを受け彼は、茎から抽出された製品である証明書を発行してくれるメーカーを探した。

大麻取締法では、成熟した茎は規制の対象外である。そのため日本の法律でも合法的に使用できる。

白坂氏は厚労省と交渉を行い、２０１３年の秋に輸入販売の許可を取得する。これによって国内で初めて、正式に厚労省から認可されたＣＢＤ製品の販売がはじまったのである。

その後、白坂氏のサポートによって、ＣＢＤを輸入販売する業者は増えていき、日本にも、少しずつＣＢＤ市場が育っていった。当初は、ＴＨＣ濃度が０・３％以下の製品であれば税関を通過できたのだ。

しかし、２０１５年にトラブルが発生する。ＣＢＤオイルと偽って通関させた、高濃度のＴＨＣオイルを販売する業者が現れる事件が起きたのだ。

それ以降、厚労省の対応が厳しくなっていく。

白坂氏は、ＣＢＤ事業をはじめたいひとたちのために、自らが厚労省に提出し受理された書類と同様のものを無償で提供していた。しかし、事件後は、許可申請が受理されないケースが出てきた。

「同一内容にもかかわらず結果が異なるのはおかしい。これは、ＣＢＤ製品に残留するＴＨＣ残留限度値を公表していないことが問題だ」

白坂氏はこう訴え、厚労省にＴＨＣ濃度基準の公開を請求した。しかし、厚労省は、犯罪につながる恐れがあるとして、これを拒否。それに対して白坂氏が、個人情報保護審議会に異議申し立てをしたところ全面的に支持され、公開されることとなった。

それでも、厚労省が公開した書類は、そのほとんどが黒塗りにされており、内容を確認することはできなかった。

医療大麻合法化を巡る2つの事件

２０１６年、２つの大きな出来事によって、全国に医療大麻の存在が知られることになる。

一つは、俳優の高樹沙耶氏が、５月に参議院議員通常選挙に新党改革から出馬したことだ。高樹氏は、医療大麻合法化を公約に掲げて挑んだが、落選した。

そして同年10月、大麻所持の容疑で逮捕される。高樹氏は、那覇拘置所に３カ月間勾留されていたが、その間、誰にも連絡をとってはいけない接見禁止だった。

この話題はテレビやネットで連日報道され、その多くは高樹氏に批判的な意見であった。しかし同時に、テレビのワイドショーが医療大麻の話題を頻繁に取り上げ、コメンテーターや専門家たちによる議論も盛んに行われた。これによって、医療大麻の存在が広く知られることになり、公の場で議論をする風潮が生まれるなど、社会に与えた影響は大きかったといえる。

もう一つの大きな出来事とは、同年に行われていた山本正光医療大麻裁判である。

フランス料理のシェフだった山本正光氏は2015年、違法に大麻を所持、栽培を行ったことで逮捕された。この時すでに山本氏は、末期の肝臓がんで余命6カ月と宣告されていた。

医師から他にすべき治療はないと告げられ途方に暮れていたところ、ネットで医療大麻の存在を知った。さっそく大麻の種を入手して自宅で栽培し、服用したところ、食欲がもどり睡眠がとれるようになり、腫瘍マーカーの数値なども改善されたという。しかし、緊急の痛み止めとしてジョイント（紙巻大麻タバコ）を所持していたところを警察官に逮捕されたのである。

この裁判には、医療大麻を考える会を中心とした多くの支援者が現れ、産経新聞やジャパンタイムズなどが積極的に報道した。また、アメリカのニューヨーク・タイムズが取材に訪れるなど、海外からも注目された。さらにはテレビ朝日系列の『報道ステーション』も追跡取材を行い特集を組むなど、医療大麻について正面から伝える報道が相次ぐことになる。

裁判には多くのひとが傍聴に詰めかけた。

「大麻以外に治療方法があるなら教えてほしい。もしもそれがあるなら、僕はそれを使います」

山本氏は法廷で裁判官に訴えたが、残念ながら判決が出る前にこの世を旅立っていった。

政治や医療の世界に働きかけるひとたち

この間、いくつかの団体が誕生し、分裂や発展をしながら、政治への本格的なロビー活動がはじまっていた。

2010年に設立された大麻草検証委員会は、代表理事の森山繁成氏を中心に、丸井英弘弁護士、大麻研究家の赤星栄志氏、大麻のスピリチュアリティを研究している中山康直氏、マリファナマーチ主催者の根岸浩和氏や筆者などが参画し、医療大麻合法化への政治的なアプローチを進めていった。後に高樹沙耶氏も理事に就任している。

２０１５年には、一般社団法人日本臨床カンナビノイド学会が設立された。この設立には大麻草検証委員会の森山氏も関わっており、当初はＣＢＤ団体や薬草研究会などの複数の団体と連携しながら、医療大麻合法化のロビー活動が行われた。

日本臨床カンナビノイド学会は、その後いくつかの変遷を経て、２０２４年現在、医療大麻関連では、国内で最も多くの医療関係者が在籍する学会へと成長している。

２０１７年には、医師の正高佑志（まさたか）氏が、前田氏の医療大麻を考える会に合流する。そして、会が主催した大麻治療体験北米ツアーに同行し、その地で出会ったカンナビノイド治療の第一人者であるジェフリー・ヘルゲンラザー博士に大いに刺激を受けた。この出来事がきっかけとなり、正高氏は医療大麻に関する活動を開始する。

翻訳家の三木直子氏も医療大麻合法化に尽力するひとりだ。彼女は２０１１年に出版された『マリファナはなぜ非合法なのか？』（築地書館）の翻訳を担当したことをきっかけに、海外とのネットワークを活かして医療大麻に関する正しい知見を広く普及させることを目的とした団体の準備を進めていった。その後、三木氏は、正高氏とともに２０１７年に一般社団法人GREEN ZONE JAPAN（GZJ）を設立する。

長い年月の間に、多くのひとたちが医療大麻合法化のために活動をしてきた。そしてこのバトンを受け継ぎ、法改正の最後の一押しに大きく貢献したのは、日本臨床カンナビノイド学会とGZJだった。

日本を法改正へと向かわせたWHOの勧告

日本が本格的に法改正へと向かったのは、世界保健機関（WHO）による国連への勧告が大きなきっかけだった。

2018年6月。スイスのジュネーブで開催されたWHOの機関の一つである薬物専門家委員会（ECDD）で、大麻の安全性に関して本格的な検討が行われた。

その結果、大麻は「比較的安全な薬物」であり、世界中の何百万もの人々がすでに数多くの病状を管理するために使用していることが指摘された。また、CBDが国際薬物規制の対象から外された。

WHOは、これらの結果をもって、国連事務総長と国連麻薬委員会（CND）に対して国際条約上の規制見直しを求めたのである。

つまり、大麻や麻薬を規制する国際条約である「1961年の麻薬に関する単一条約（麻薬単一条約）」で指定される最も危険な薬物「附表Ⅳ」リストから大麻を削除するよう国連に勧告したのだ。

麻薬単一条約は、麻薬の乱用防止のために生産及び供給を禁止する国際条約で、日本は1964年に加盟している。もともとは国際連盟による初の薬物統制に関する条約「ハーグ阿片条約」（1912年）を、国際連合とWHOが引き継いで締結されたものだ。

この国際条約では、規制する薬物をスケジュール（附表）と呼ばれる危険度のランク付けによって分類しており、大麻はヘロインなどと同様に附表Ⅳに位置付けられていた。

附表Ⅳとは、最も危険で医学的な価値がない薬物とするランクで、大麻は「依存性が強い薬物」で「その中でも特に危険」だと国際条約で定められていたのだ。

2020年12月2日、CNDは、WHOの勧告を承認することを決定する。

CNDは、2019年3月に、大麻の附表が適正であるか否かについての採決を行う予定だった。しかし、その判断材料として追加の調査を要望する国が多く、採決は延期された。そして再度、締約国会議にかけられた2020年の採決では、賛成27カ国、反対25カ国、棄権1カ国の僅差で、附表Ⅳから大麻を削除することが採択された。大麻には医療価値があるということが、国際条約で承認されたのである。

日本は、大麻の医療目的使用についてもさらなる調査が必要とし、反対票を投じた。

その具体的な反対理由としては、「大麻の規制が緩和されたとの誤解を招き、大麻の乱用を助長する恐れがあるため」であり、内容自体というよりは、誤解を招くのではないかという懸念をもって反対投票したと、厚労省の監視指導・麻薬対策課長は説明している（大麻等の薬物対策のあり方検討会第1回議事録）。

だが、国際条約改正の動きに合わせて、日本も法整備を行う必要が出てきた。大麻取締法の大幅改正のための議論が活発化したのだ。

国会で法改正の最後の扉が開かれた

医療大麻議論のきっかけとなった国会質疑

2019年3月。本章の冒頭で紹介したCNNの番組が放送されてから約6年後のことだ。

公明党の秋野公造議員は、参議院厚生労働委員会において、大麻由来医薬品による治験は可能か否か、という質疑を行った。これは当時、全国に広がりはじめていたてんかん診療拠点病院での小児てんかん治療のための質問だった。

他の国では承認されている薬が、日本では認可されていない状態を「ドラッグ・ラグ」という。日本には、てんかんのある人が約100万人おり、現在使用可能な薬では発作が抑えられない難治性の患者も多い。そこで、これまでとは薬効が異なる、大麻草に含まれるCBDを主成分とした抗てんかん薬「エピディオレックス」の導入が検討されていた。

しかし、大麻取締法第四条では、大麻を使用した施術行為が一切禁止されていたのである。

大麻取締法
第四条　何人も次に掲げる行為をしてはならない。
二　大麻から製造された医薬品を施用し、又は施用のため交付すること。
三　大麻から製造された医薬品の施用を受けること。

秋野議員は、第四条には「施用」という文言はあるが、「治験」についての記述がないことに着目し、これが可能か否かを国会に問うたのである。

厚生労働省は、「治験は可能である」と答弁した。さらに同年5月の国会質疑では、海外で承認を受けていない大麻由来医薬品の治験も可能であるという答弁を得た。

この国会質疑が日本を本格的に動かした。これにより、エピディオレックスを製造するGW製薬が、日本進出を決定した。そして、てんかん診療拠点病院である神奈川県の聖マリアンナ医科大学病院と、沖縄県の沖縄赤十字病院で、いよいよ大麻由来医薬品エピディオレックス治験の準備がはじまった。

しかし、大麻由来医薬品の治験をはじめる以上、今度は日本の国内法である大麻取締法を改正する必要がある。従来のままでは厚労省が認めた治験が終了しても、薬を治療に使うことは違法となるからだ。

いくつかの法的なプロセスが必要で、さらに大麻由来医薬品の管理方法など微細にわたるまでルール作りをしなくてはならず、何もかも未知の状態でゼロからのスタートだった。

この問題を解決するために、厚生労働特別研究班が立ち上がり、課題についての調査と整理がスタートした。厚生労働特別研究班の班長には、日本臨床カンナビノイド学会の太組（たくみ）一朗理事長が就任した。

大麻乱用をいかに防止するかに終始した有識者会議

厚生労働特別研究班の調査と並行して、厚労省は大麻取締法改正に向けた有識者会議「大麻等の薬物対策のあり方検討会」を開催した。

この検討会は、法学者や精神保健、薬学、薬物依存問題支援団体関係者など10名の有識者で構成され、２０２１年1月から6月まで半年間、8回にわたって実施された。

第1回検討会の冒頭で、厚生労働省医薬・生活衛生局長は、若年層における大麻乱用が拡大していることや薬物犯罪の高い再犯率などの問題点を指摘するとともに、諸外国における医療大麻の使用状況や国際機関で医療大麻の活用についての議論が行われていることを紹介した。

さらに局長は、社会状況の変化や国際的な動向を踏まえ、大麻などの違法な薬物の乱用についてはしっかりと取り締まりを行うことや、医療への活用が期待されるものは適切な対応を進める必要があることを主張し、乱用防止対策や依存症対策の必要性にも言及した。

しかし、70年以上も調査、研究、議論を行わず、放っておかれた大麻である。国内における医学的なデータがないことや、大麻をみたことも体験した人間に会ったこともない委員が大半だったこともあり、机上の空論に終始してしまう懸念も漂っていた。

やがて議論は、乱用防止のための使用罪適用の是非へと重点が移っていく。

今まで使用罪がなかった理由は誰も知らない

34～35ページでも解説したが、旧法である大麻取締法では栽培、所持、譲渡を規制していたものの、使用については言及していない。これはなぜか。

当初厚労省は、その理由を「麻酔い（あさよ）」という現象があるからだと述べていた。麻酔いとは、大麻畑に一定時間いると酔ったような感覚になる現象であり、大麻栽培従事者が意図せずともこの状態になることを想定して、使用罪を作らなかったのだと説明した。

しかし、参考人として検討会に招致された大麻農家による「麻酔いは存在しない」という発言もあり、厚労省は使用罪がなかった理由は「不明である」と意見変更した。

会議中、「使用罪を作るとか作りたいとかという考えを持っているのではなく、大麻取締法には使用罪がないということを説明しているに過ぎない」との厚労省の発言もあったが、検討会の争点は、明らかに使用罪の必要性について進んでいった。そして議論は、使用罪で乱用を防止することができるという賛成派と、厳罰化による弊害を懸念する反対派に分かれていく。

本来、大麻取締法改正の趣旨は、医療大麻の合法化であったはずだ。しかし、検討会の内容を見渡してみると、医療利用のための方法や方向性についての議論は十分になされなかったという印象が残る。

その後、「大麻等の薬物対策のあり方検討会」の結果をもとに、２０２２年５月から９月に「大麻規制検討小委員会」が４回開催された。ここでは文字通り、大麻をいかに規制するかについて検討され、やはり焦点となったのは大麻使用罪についてだった。

その結果、医療利用については、大麻由来医薬品がＧ７各国で認められていることや、麻薬単一条約で医療上の有用性が認められていること、そして、すでにエピディオレックスの国内治験が開始されていることから、大麻の医療利用を禁止している大麻取締法第四条を見直す必要があることが結論付けられた。

また、部位規制からＴＨＣなどの成分規制に変更した場合、不正な薬物使用の取り締まりの観点から、他の薬物の取締法規では所持罪とともに使用罪が設けられていることを踏まえ、医薬品の施用・受施用等を除き、大麻の使用を禁止するべきであるとも主張された。

こうした議論の末、若年層を中心に大麻事犯が増加している状況や、薬物の生涯経験率が低い日本の特徴を維持・改善していく上でも、大麻の使用禁止を法律上明確にする必要があるという結論に至ったのである。

過熱するマスコミ報道と使用罪の「創設」

ＴＨＣの成分規制の方法としては、麻向法に規定される免許制度等の流通管理の仕組みの導入を前提として、法案が組み立てられていった。

やがて、大麻由来医薬品の製造や施用・受施用を可能とすることや、大麻の「使用」に対する罰則を設けることを踏まえ、部位規制からＴＨＣ成分規制に見直すこと等の方向性がとりまとめられる。

ＣＢＤについては、幻覚作用がないこと、すでに市場が確立され今後の経済効果が見込めること、また、治験がはじまったエピディオレックスがＣＢＤを主成分としていること、などから肯定的な結論に至った。

しかし、ＣＢＤ製品には少量でもＴＨＣが残留してしまうことや、幻覚作用のないＴＨＣＡという成分が加熱することでＴＨＣに変化してしまうことなどへの懸念が示された。

このような経緯から、２つの検討会を通して大麻取締法改正案の骨子が出来上がったのである。

検討会による骨子が決まると、マスコミは「医療大麻解禁」とともに「使用罪の創設による厳罰化」という報道を一斉に開始した。この時点では、医療大麻の合法化よりも「使用罪の創設」を強調する報道が多い印象があった。その原因の一つは、厚労省が発表で使った「創設」という言葉であろう。

後に厚労省も誤用を訂正するが、使用罪の「適用」という言葉の選択が適切だった。というのも、改正案で大麻を規制する法律は麻向法であり、麻向法にはもともと使用を罰する規定が存在する。それをわざわざ「創設」という言葉で強調することで、社会へ大麻乱用の抑止をアピールする狙いがあったのだろう。

厚労省が使用罪の「創設」を前面に押し出したことで、最重要だった医療大麻についての議論の声がかき消されてしまう。そんなことを懸念する声もあった。

2023年8月に日本大学アメフト部による大麻事件が発生したことも、大麻報道の過熱に拍車をかけていった。そしてこの頃から、全国で発生する大麻事件がマスコミに大きく報道されるケースが目立つようになる。

報道の過熱とともに、世間では大麻乱用の実態と使用罪「創設」の必要性についての議論が高まっていった。

2023年11月、大麻取締法改正法案が衆議院を通過

2023年11月8日。第212回国会において、「大麻取締法及び麻薬及び向精神薬取締法の一部を改正する法律案」の審議がはじまった。

先に開催された「大麻等の薬物対策のあり方検討会」の結論をもとにしたこの法案の骨子は、医療大麻の合法化と、それに伴うTHCと大麻を麻薬として規制するものだった。

11月10日、衆議院厚生労働委員会において、参考人を招いての質疑が行われた。

政府参考人には、厚生労働省医薬局長や警視庁刑事局組織犯罪対策部長らが招致された。その質疑は、もっぱら、若年層による大麻の乱用の現状や使用罪の必要性などに重点が置かれた。

一方で、一般からも参考人が招致され、それぞれの立場からの質疑と意見交換が行われた。

慶應義塾大学法学部教授の太田達也氏は、海外の現状、またそれらの地域では必ずしも大麻が自由化されたわけではなく厳しい罰則があることを紹介。さらに日本の旧法では使用罪がないことから、大麻使用へのハードルが下がる恐れがあることを、法的な側面から

主張した。

神奈川県立精神医療センター副院長の小林桜児氏は精神科医の立場から、若年から大麻を使用し続けることで、統合失調症やうつ病を発症するリスクがあることを訴えた。そのためには、早い段階での抑止として使用罪が必要であり、司法による「おせっかい」的な対応が、患者の回復に役立つのだと主張した。

CBDに関するコミュニティを運営するAsabis株式会社代表の中澤亮太氏は、医療利用ではなく、食品などとしてすでに流通しているCBD市場の現状を説明した。その中で中澤氏は、THCの有用性を伝えた上で、CBDに残留するTHC濃度の曖昧さが企業のCBD市場参入への妨げになっていると訴えた。そして、これを解決するには、一定のルールを設ける必要性があると話した。

日本てんかん協会理事の田所裕二氏は、てんかん患者の目線から、CBDを有効成分としたてんかんに効果がある大麻由来医薬品エピディオレックスが日本でも使えるようになってほしいと訴えた。

一般社団法人ARTS代表理事の田中紀子氏は、ギャンブルや薬物などの依存症問題に取り組んでいる。その立場から、使用罪適用などの厳罰化が必ずしも薬物問題を解決する最適な手段ではないことや、マスコミによる実名報道によって、処罰された本人が社会のスティグマ（偏見）にさらされていることなどの問題点を指摘した。

質疑応答では、医療大麻の合法化に伴い、使用罪の適用や厳罰化に賛同する意見が大半をしめた。そして11月14日、改正法案は衆議院本会議を賛成多数で通過した。

使用罪反対を表明したひとたち

一方で、前述の「大麻等の薬物対策のあり方検討会」が開催された2021年時点で、使用罪適用反対を訴える人々も数多くいた。ネット上で署名運動などの働きかけも継続して行われていたのだが、その声は届かなかった。

しかし、使用罪適用を含めた改正法案が衆議院を通過したところで、再び、厳罰化反対の声があがった。

れいわ新選組は、改正法案が衆議院を通過した当日に、「大麻取締法等改正案に反対する理由」と題した声明を発表した。

使用罪が新たに適用となれば最長懲役7年と厳罰化されることや、国家が犯罪行為を厳罰化する場合には慎重でなければならないのに丁寧な議論が行われなかったことを問題点としてあげた。

また、検討会で使用罪に反対した委員が、「大麻規制検討小委員会」では意図的にメンバーから外されたことで、大麻使用罪適用ありきで議論が進行していた疑いが持たれる点なども問題だと指摘していた。

次に11月26日には、40名を超える大学教授らが、「大麻使用罪（施用罪）の新設に慎重な審議を求める刑事法学研究者の声明」を参議院議長宛てに提出した。この声明は、参議院においては、厚生労働委員会だけでなく法務委員会においても法案を検討し、慎重かつ真摯に審議することなど4項目を要望していた。

さらに、大麻の有効利用を進める任意団体クリアライトは、文化人やアーティストを含む約150名の賛同人とともに、参議院厚労委員長に声明文を提出した。

その他にも、依存症関連団体、支援者ネットワーク、そして海外の大麻研究者なども、使用罪反対の声明を次々と発表していった。

75年ぶりの改正法成立

改正法案審議の場は参議院へ

11月30日。参議院厚労委員会で審議が行われた。

参議院では、日本臨床カンナビノイド学会の太組一朗理事長、刑事政策と犯罪学が専門の丸山泰弘立正大学教授、薬物依存者を支援する団体である川崎ダルク支援会の岡崎重人理事長、そして、江戸時代から代々大麻農家を営んでいる大森由久氏が、参考人として招致された。

太組氏は、日本最大の医療大麻の学会である日本臨床カンナビノイド学会の理事長であり、てんかん治療の第一人者だ。そして、てんかん患者へのエピディオレックス治験の導入に尽力したひとりでもある。

彼は薬剤治療や外科治療でも治せないてんかんによって、多くのひとたちが苦しんでいる場面に立ち会ってきた。そんな中、大麻由来医薬品が、一部のてんかん患者に有効であることを知り、活動を続けていた。この経験から、一般に流通しているＣＢＤなどのカンナビノイド製品の重要性を説明した。一方で、THCや大麻を麻薬として位置付けることで、正規の医薬利用ができることや、不正な使用や所持を抑止することができると主張した。

丸山教授は、薬物問題に対して刑事罰で解決することの問題点について指摘。国際社会が薬物問題の厳罰化ではなく非犯罪化に舵を切っていることや、医療、社会保障、公衆衛生や教育などの面からのケアが大切であると主張し、使用罪適用による厳罰化に懸念を表明した。

岡崎氏も、薬物や大麻で逮捕されることによる社会との断絶やその後の生きづらさなどがあることから、「ダメ。ゼッタイ。」という形が必ずしもいい効果だけをあげているわけではないことを指摘した。

最後に発言した大麻農家の大森氏は、大麻草の有用性や繊維をとるための手順などを、実際に麻製品をみせながら説明した。また、茎で作った炭が、花火の原料になることや、精麻が神具に使用されていることなど、日本人と大麻との深い結び付きを伝えた。その上で、マリファナと一線を画した産業大麻の位置付けを、法的に明確にしてほしいと訴えた。

2023年12月6日、改正法成立

12月5日の参議院厚労委員会では、医療大麻の合法化に賛成しつつも、使用罪導入によって若年層により多くの逮捕者が出ることや、それによって彼らの将来に悪影響が出ることなどを懸念する発言が、野党を中心に相次いだ。

また、懸念されている案件についての具体的な質疑も行われた。

一つは、使用罪の「創設」という言葉についてだった。

前述の秋野議員は、厚労省が使用罪の「創設」や「新設」という言葉をあえて使ったことにより、使用罪の重要性が前面に出され、医療大麻合法化という本来の目的がぼやけてしまう懸念を抱いていた。そのため、使用罪はすでに麻向法にあったものであり、創設や新設には当てはまらないのではないかと問いかけたところ、厚労省は「適用」が適切であったことを認めた。

さらに、合成カンナビノイドとともに、一部のCBD製品にも含まれていたレアカンナビノイドであるTHCV（テトラ・ヒドロ・カンナビバリン）も指定薬物になったことについて言及した。

この問題については後述するが、生活の質を維持するためにTHCVが含まれるCBD製品を合法的に使って、命をつないでいるひとたちがいることを紹介し、この問題の重要性を強調した。

このような審議を経て、「大麻取締法及び麻薬及び向精神薬取締法の一部を改正する法律案」は12月6日の参議院本会議においても賛成多数で可決した。

改正法の施行のために残った課題

2段階に分けられた施行のタイミング

改正法は、公布日から1年以内に施行しなければならないという規定がある。

つまり、改正法は成立したが、厚労省は改正法公布後、施行されるまでの1年以内に、さまざまな課題をクリアする必要があった。

規制するTHCの濃度基準を何%にするのか、それを測定する方法や検査機関をどのように作るのか、栽培の基準や管理体制、医薬品やCBD食品加工のためのルール作りなど、多くの課題が山積みになっていた。

そのため、施行のタイミングを2回に分け、医療大麻合法化や使用罪適用などを規定している麻向法の施行を第1弾とし、その後に、栽培に関する大麻草栽培法を施行することにしたのである。

それでも、法施行には、相当の準備が必要となる。非公式ではあったが、予定されていた麻向法施行のタイミングは、幾度となく延期されていった。

その間、関係者の多くが注目していたのは、ＴＨＣ規制の濃度数値だった。

ＴＨＣ残留濃度は予想値の100分の1

２０２４年5月31日、厚生労働省は法改正に伴うカンナビノイド製品へのＴＨＣ残留限度値の案を発表するとともに、パブリックコメントを広く求めた。

すでに解説したように、改正法の骨子の一つは、大麻の禁止箇所を花穂や葉と茎・種で分ける部位規制から、ＴＨＣを対象にした成分規制に変更された点である。そのため、ＴＨＣ残留限度値は非常に重要なポイントであり、関係者の誰もが注目していたのだ。

改正後の法律では、栽培する大麻草品種に含まれるＴＨＣ濃度と、ＣＢＤオイルやドリンクなどのカンナビノイド製品に含まれるＴＨＣ残留限度値が規定される。

ＣＢＤ製品のＴＨＣ残留限度値は、アメリカ、ドイツ、ＥＵの薬局法では０・１％、その他の多くの国では０・２〜１％が一般的である。そのため、日本国内のＴＨＣ残留限度値も、栽培時と同様の０・１〜０・３％ではないかと予想されていた。

しかし厚労省が発表した案では、ＣＢＤ製品のＴＨＣ残留限度値は０・００１％だった。

一方、大麻草栽培法での大麻草品種のＴＨＣ濃度は０・３％で、海外と同等の水準だった。

窮地に立たされたCBD市場と患者たち

厚労省が発表した案に、関係者は驚いた。

ＴＨＣ残留濃度が０・００１％のＣＢＤ製品は世界的にも例がなく、これに対応している海外メーカーはほとんどない。

すでに、０・０２％程度のＣＢＤ製品は国内で流通している。つまりほとんどのＣＢＤ製品は違法となり、回収する必要がある。２４０億円に成長したＣＢＤ市場に大きな打撃となるのは明らかだ。

さらに、０・００１％のＴＨＣを検出する機器を持っている検査会社が国内にない。新たに設備を導入し運用するには、一台１億円近い費用が必要だという。

一方で、ＣＢＤを使用してきたひとたちにも、大きな問題が起きた。

微量のＴＨＣや、ＴＨＣＶなどのレアカンナビノイドには、ＣＢＤの機能を高める「アントラージュ効果」と呼ばれる相互作用がある（80〜81ページで詳述）。そのＴＨＣＶやＴＨＣを除去しても、ＣＢＤ製品の効果が保たれるのかどうかが、誰にもわからない。厚労省も同様だった。

ＣＢＤ製品を服用するなどして心身の不調を抑えてきたひとたちにとっては、健康を損ねる可能性がある。特に、てんかん発作を抱える多くの子どもたちにとっては、命に関わる問題だ。

患者やその家族を含め、関係者は、この厚労省案の撤回を求める話し合いを進めるとともに、パブリックコメントへ残留限度値案反対の回答をするように、広く呼びかけた。

その結果、同年6月30日締め切りのパブリックコメントは５５００通を超えた。多くの内容は、ＴＨＣ残留限度値案に対してのネガティブな意見だった。

さらに、業界団体や患者の会、有識者たちも次々と反対声明を発表していった。

事態に対応した秋野議員

２０２４年6月6日。秋野議員は、5月31日に発表されたＴＨＣ残留限度値案に関する質問を、参議院厚労委員会で行った。

この中で秋野議員は、これほど低い残留限度値を設けると、THCVを規制した時と同様の問題が発生する懸念があることを訴えた。

これに対して厚労省は、「難治性てんかんの患者が使用していたCBD製品に対するアクセスを阻害しないことは非常に重要だ」という見解を示すとともに、関係者とどのような形で対応するかを調整し、検討を進めていくことを約束した。

この結果、日本臨床カンナビノイド学会の太組理事長を班長としたカンナビノイド研究のために組織された厚生労働特別研究班と日本臨床カンナビノイド学会が主体となって、特定臨床研究を行うことになった。

CBD議連が明らかにした施行のタイミング

2024年8月29日。超党派で構成されている「カンナビジオールの活用を考える議員連盟（CBD議連）」が、パブリックコメントによる反響の大きさを重く受け止め、厚労省の担当者を招致して聞き取りを行った。

この席で厚労省は、THCを麻薬指定する麻向法の施行は2024年12月12日、大麻草栽培法の施行は翌年3月1日であることを発表した。

筆者が執筆のために取材していたこの時点では、まだ詳細が詰められていない部分が多くあり、業界もどのように動くべきか、動向を注視していた。
しかし、この会合での厚労省の発言内容が法律に反映されることは、決定していた。

THC残留限度値の厳しい最終結果

THC残留限度値については、CBD原料に対する数値は10ppm＝0・001％に変更されたが、それ以外は変わらなかった。

製品中のTHC残留限度値

油脂・粉末　10mg／kg以下＝0・001％＝10ppm
水溶液　0・1mg／kg以下＝0・00001％＝0・1ppm
その他の製品　1mg／kg以下＝0・0001％＝1ppm

5500通あまりのパブリックコメントや声明などによる反対の声もむなしく、THCに対するかなり厳しい数値が採用されたのである。

ＣＢＤ議連に出席した議員からの、「このＴＨＣ数値は不変なのか」という質問に対しては、厚労省は次のような回答を示した。

「不変ではなく、今後の研究や状況によっては、ゆるくもなるし厳しくもなる」

厚労省は、基準値が低すぎることに対応する検査体制や、製品表示の方法、保管方法などについて、業界団体などと共同でガイドラインを定める必要があるとも述べた。

そして施行後の違反業者の処分については、原則として、故意に違反していなければ、麻薬譲渡罪に問われるものではないが、ＴＨＣ残留限度値を超えていることがわかった製品は速やかに回収・廃棄することをお願いすると回答した。

ついに医療大麻が合法化された

２０２４年12月12日。ついに医療大麻が合法化された。それとともに、使用罪が適用され、違反した場合の罰則である懲役も5年以下から7年以下へと厳罰化された。

２０２３年12月13日に改正法が公布されてから、法施行の日程が複数回延期されてきたが、改正法公布から1年以内に施行しなければならないことが法律で定められていることを思えば、まさにぎりぎりの施行日となった。

第三章

医療大麻とはなにか

さまざまな疾病に効果がある医療大麻

大麻には致死量がない

医療大麻とは通称であり、文字通り医療利用するための大麻のことだ。利用する大麻草は、嗜好用マリファナや産業用のヘンプと植物学的に同じものである。

大麻は古来、薬草として世界中で使用されており、その効能は多岐にわたる。

具体的には、疼痛緩和、沈静作用による不安やうつの緩和、食欲増進、吐き気と嘔吐の緩和、自律神経系の調整、不眠症、緑内障、アルツハイマー型認知症、てんかん発作、パーキンソン病の治療など、約250種類の疾病に効果があるともいわれている。

少々専門的な内容も多くなるが、本章では具体的な事例をあげて、医療分野における大麻の有効性や問題点を解説したい。

医療大麻の大きな特徴は、効能が多岐にわたることとともに、致死量がないという点だろう。いや、正確にはあるのだが、大麻を喫煙した場合、致死量に達する量の100分の1以下の摂取量で眠ってしまうため、大麻の過剰摂取で死ぬことはありえないと考えられている。

また、モルヒネなどと違い、大麻は呼吸中枢には作用しないため、安全性が高い。

薬物は、効果を発揮する用量（薬効量）と死亡する用量（致死量）の差が大きいほど安全性が高いといえる。例えば、抗がん剤は安全域が極めて狭く、もし通常投与量の10倍を間違って投与すれば、ほとんどの患者は副作用で死亡する。

ＴＨＣの致死量を検討した動物実験でも、致死量の数値が極めて高いことが報告されている。

エンドカンナビノイドと受容体

ヒトは大麻草に含まれるＣＢＤなどの薬効成分（カンナビノイド）と類似の作用がある物質を、脳内から分泌することがわかっている。

その物質は、「エンドカンナビノイド」、または「内因性カンナビノイド」と呼ばれている。

エンドカンナビノイドには、１９９０年代に発見された「アナンダミド」と「２－ＡＧ」のほかにも、同様の働きをするものが次々と発見されていて、これらの物質が身体機能を調節する。

エンドカンナビノイドがヒトに作用するのであれば、それを受け取る受容体が体内に存在する。エンドカンナビノイドが鍵だとすると、受容体は鍵穴である。鍵穴を開けることで、エンドカンナビノイドが作用するという仕組みだ。

これら受容体を総称して「カンナビノイド受容体」というが、エンドカンナビノイドと結合する神経細胞上に多い「CB1受容体」と、免疫細胞上に多い「CB2受容体」の2種類がある。カンナビノイド受容体は、身体調節を行う「エンドカンナビノイドシステム」に作用し、食欲、痛み、免疫調整、感情制御、運動機能、発達と老化、神経保護、認知と記憶などに関わる機能を持ち、細胞同士のコミュニケーション活動を支えている。その働きは多岐にわたり、痛みや炎症、体温の調節などを行っていることがわかっている。

エンドカンナビノイド欠乏症で起こる疾患

2004年に、カンナビノイド研究の第一人者である神経科学者のイーサン・ルッソ博士は、「エンドカンナビノイド欠乏症」という疾病の概念を発表した。

外部からの強いストレスや加齢に伴う老化によって、エンドカンナビノイドシステムの

身体中にあるカンナビノイド受容体

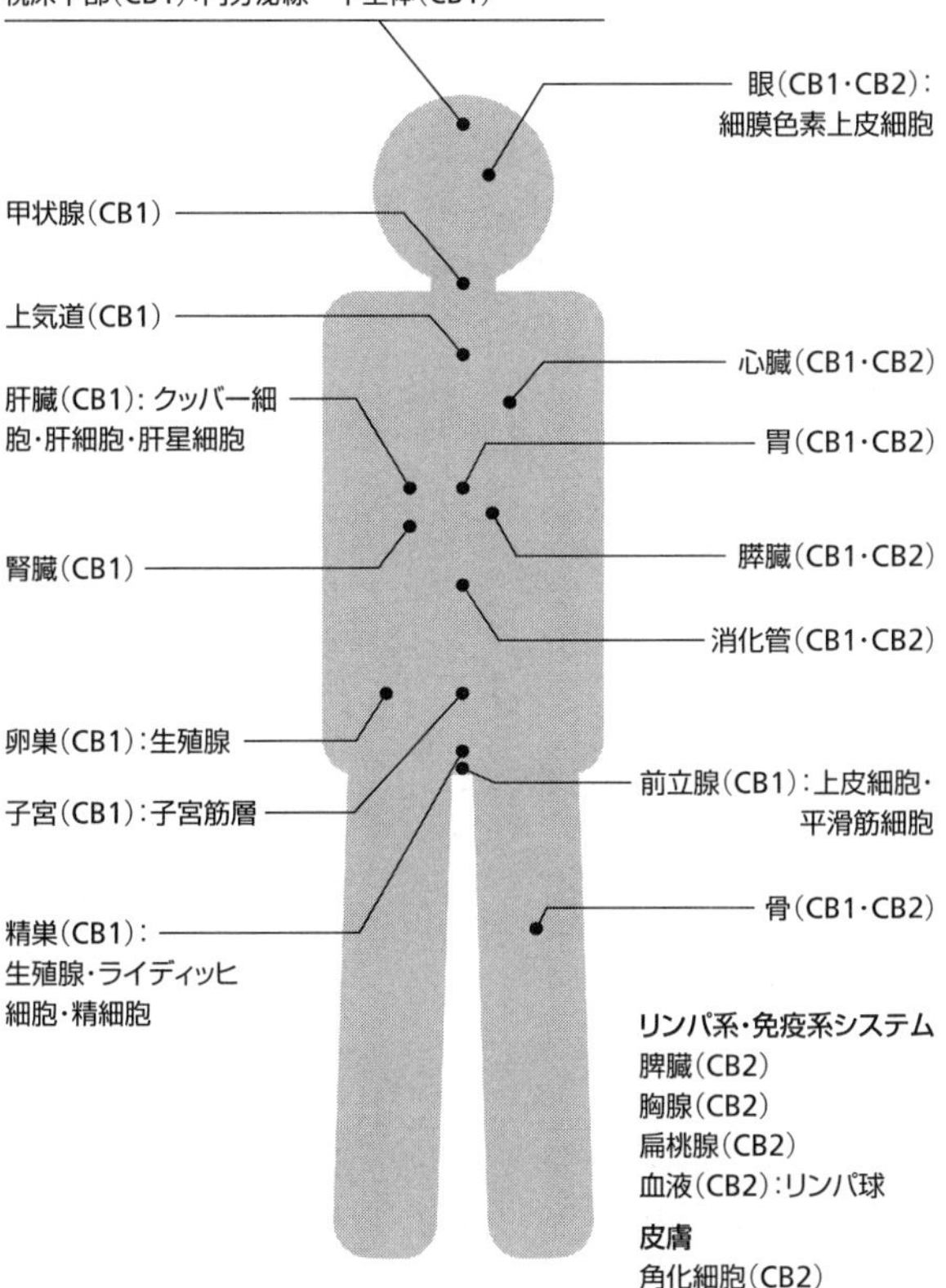

（「一般社団法人日本臨床カンナビノイド学会」ホームページより引用）

機能が低下し、体調不良や疾病を引き起こすというのである。

エンドカンナビノイドの欠乏が、てんかん、PTSD、自閉症、アルコール依存症、うつ病、その他の変性疾患を含むさまざまな異常に関係していることが、他の科学者の研究によってわかり、ルッソ博士の仮説を裏付けている。

このエンドカンナビノイドの欠乏を補うのが、大麻草のCBDである。摂取したCBDがエンドカンナビノイドの代替物となって、エンドカンナビノイドシステムが再び正常な機能を取り戻すことができるというわけだ。

大麻の有効成分とアントラージュ効果

先ほども少し触れたが、アントラージュ効果というものがある。

大麻には160種類以上の薬効成分であるカンナビノイドが存在しており、その主たるものがTHCとCBDである。THCには陶酔作用、いわゆる「ハイ」になる作用があり、CBDには気持ちを落ち着かせる作用がある。この2つの作用が拮抗し合いながら、相乗効果をもたらす。

相乗効果はこの2つのカンナビノイドだけではない。大麻には、微量のレアカンナビノイドも多数存在する。前述したＴＨＣＶをはじめ、ＣＢＮ（カンナビノール）、ＣＢＧ（カンナビゲロール）、ＣＢＣ（カンナビクロメン）など１６０種類以上のレアカンナビノイドそれぞれに、薬効成分があることがわかっている。

さらに大麻には、多くのテルペンも含まれる。テルペンとは植物全般の精油成分に含まれるもので、大麻と同じテルペンを含有する果実や他の植物もある。

気分を明るくするリモネン、リラックス効果のあるミルセン、睡眠を促進するリナロール、集中力や記憶力を高めるピネン、抗炎症作用があるカリオフィレンが大麻の代表的なテルペンだ。さらに、大麻のフラボノイド（ポリフェノールの一種）には、抗酸化作用や抗炎症作用があることが知られている。

ざっとあげただけでも、これだけの薬効が期待されるのだ。そして、これらの有効成分を単体で摂取するのではなく、大麻草全体に含まれている有効成分すべてを同時に摂取することで、最大限の効果を得られることがわかっている。

これが大麻のアントラージュ効果というわけだ。

医療大麻と西洋医学

カンナビノイドの治療効果の仕組みは複雑で多岐にわたるため、そのすべてはいまだ科学的には解明されていない。発見されていないレアカンナビノイドもあるといわれており、摂取するひとの体質や体調などによっても作用は異なる。

そのため、西洋医学のルールでは管理することが難しい。

大麻の医療利用は、インドのアーユルヴェーダや中国の中医学、中東のユナニ医学などといった伝統医療や民間療法の中で発展してきた。そして、現代でもその治療は行われている。

70年代のアメリカでも、西洋医学では解決できない疾患をこれらの東洋医学でカバーする、ホリスティック医学が生まれた。

ホリスティック医学では、人間の身体と精神を尊重し、自然治癒力を癒しの原点に置く。特に、病気や健康の深い意味に気付き、自己実現を目標とする点などは、西洋医学にはない東洋哲学の領域である。

ホリスティック医学の第一人者であるアンドルー・ワイル博士は、大麻草はホリスティック医学の中心に存在する象徴的な植物であると述べている。

医療大麻を考える時、西洋医学的なとらえ方だけではすべてを理解することはできない。西洋医学では、一つの症状に対して、特定された一つの物質の効果と再現性が明確でなければ薬として認められない。

そのため、大麻を医療利用するには、この部分がどうしてもネックになるのだ。抗てんかん薬エピディオレックスは、若干のＴＨＣが含まれるものの、主成分はＣＢＤである。そのため、アメリカ食品医薬品局（ＦＤＡ）は薬として認可した。

しかし大麻そのものとなると、先に述べたようにさまざまなカンナビノイドやテルペンやフラボノイドが複雑に作用するため、その仕組みと効果を特定することが難しく、再現性もない。

このことが、西洋社会で医療大麻が受け入れられなかった理由の一つだろう。

実は19世紀末から20世紀初頭までは、ヨーロッパやアメリカでは、大麻を治療に使っていた。しかし、患者によって効果にムラがあり、どのように効いているのかを医師が観察してもわかりづらかった。だから、その後に開発されたアスピリンなどの化学医薬品が主流になっていったのだ。

結局、アメリカの医療大麻は、１９３７年に作られた大麻課税法のターゲットとなり、姿を消してしまった。

日本でも、厚生省が制定する医薬品の品質、効能、安全性を確保するための基準書である『日本薬局方』に、大麻は医薬品として1951年の第六改正前まで記載されていた。

また、民間薬としても、鎮痛や消化不良、不眠や抗けいれん、催淫などのために用いられてきた。

日本人にとって医療大麻は、漢方薬としてとらえた方が、理解しやすいかもしれない。

陸軍々醫監正五位緒方惟準先生方劑
印度大麻煙草
俗称 ぜんそく煙草
本劑ハ喘息を發したるとき之を吸煙すれバ即時に
治癒し毫も患害を殘すことなきハ江湖五萬の患者
[illegible]驗に依て明なり蓋し喘息煙草ハ從來拙家賣藥の
[illegible]故ありて之を廢し今般更に印度大麻を以て一種
の煙草を製し劇藥として特に製造販賣するの認可
を得たり是ハ以前の賣藥よりも尚は一層有効著明
なれバ不相變御需用あらんことを冀ふ
但し本劑ハ劇藥として取扱候に付普通劇藥賣買
の手續を要す尤も使用上危害なきハ從前の如し
東京神田區表神保町一番地治集館前
免許 製劑本舗 知新堂藥店 小林謙三 白
關西代理店 大阪道修町 賣藥卸賣株式會社
大阪蜆橋 盛大堂 高橋調劑局
特約販賣店 大阪心齋橋 玉林堂 森平兵衛
德島西新町 鈴江直三郎 分店

印度大麻煙草（ぜんそく煙草）の広告。1890年代後半

スポーツ界における大麻の有効利用

アスリートとカンナビノイド

アスリートの大麻使用については、法律違反の側面はもちろんだが、それによる身体能力への影響についても語られることが多くなってきた。国内では、アスリートの大麻事件はマスコミに大きく取り上げられ社会問題となるが、海外のスポーツ界では大麻の規制緩和と有効活用が進んでいる。

1998年の長野冬季オリンピックで、カナダのスノーボード選手であるロス・レバグリアティは、大麻の陽性反応が出たことで金メダルを剝奪された。しかし、当時すでにカナダでは大麻が合法化されており、尿から検出された大麻は副流煙によるものだという本人の主張などを理由に、メダルは返還された。このことがきっかけとなり、世界アンチ・ドーピング機構（WADA）は、大麻及びカンナビノイドの規制を強化した。

しかしその後、世界情勢の変化に伴い、2018年1月には、CBDがドーピング規制の対象外となった。そのため、同年2月に開催された平昌（ピョンチャン）冬季オリンピックからは、試合中であってもＣＢＤを使用することができるようになった。

ＣＢＤが規制対象外になった理由は、ＴＨＣのような精神活性作用がないことや、炎症や痛みの軽減、不安の緩和、神経保護などの効果があることがあげられる。また、競技パフォーマンスを不正に向上させるリスクが低いことも、その理由だ。これにより、多くのアスリートがＣＢＤを使用するようになっていった。

ＴＨＣを含むすべての天然及び合成カンナビノイド、またはＴＨＣに類似する物質は、競技中の使用が禁止されている。しかし、合法地域であれば、トレーニング中の使用は、競技中に体内に残留しないことを条件に可能である。

２０１９年、このような変化の中で、マイク・タイソンを含む元プロスポーツ選手らが設立した非営利の大麻擁護団体「Athletes For CARE」は、大麻を禁止リストから削除するよう求める嘆願書をＷＡＤＡに提出した。

この嘆願書には、８カ国、50のプロスポーツリーグ、28のスポーツを代表する１５０名以上のアスリートが署名した。彼らは、ＴＨＣがパフォーマンス向上の薬ではなく、リラクゼーションや痛みの管理に有益なものであると主張している。

スポーツ選手の疼痛緩和、疲労回復、食欲増進

アメリカのプロスポーツ界でも、変化が起きている。

ナショナル・フットボール・リーグ（ＮＦＬ）は、２０２０年に大麻に関する規制を大幅に緩和した。これにより、選手はオフシーズン中に大麻を使用しても出場停止処分を受けることはなくなった。シーズン中に大麻の陽性反応が出た場合でも、罰金を科せられる可能性はあるが、出場停止処分を受けることはなくなった。

ナショナル・バスケットボール・アソシエーション（ＮＢＡ）は、コロナの時期から無作為の大麻検査を一時停止した。これは、選手たちの精神的プレッシャーを緩和するためだという。現在でもその方針は継続されており、選手が大麻の陽性反応を示しても罰金や出場停止処分を科さない方針を採っている。

メジャーリーグベースボール（ＭＬＢ）も、２０１９年12月に大麻を禁止薬物リストから除外することを発表し、２０２０年のスプリングトレーニングからその方針を適用した。これにより、ＭＬＢ選手は大麻を使用することが認められているが、アルコールと同様に、その影響下で試合やチーム活動に参加することは禁止されている。

大麻を使用しているのは、アメリカンフットボールをはじめ、ボクシングなどの格闘技

や、アイスホッケーなどコンタクトスポーツの競技者が多いようだ。彼らの使用目的は主に、大麻による疼痛の緩和や疲労回復、食欲増進などだ。ケント州立大学が行った研究結果からは、ＣＢＤとＴＨＣがアスリートの回復に役立つことが判明している。

日本でも、大学アメフト部や、大相撲の力士が、大麻を使用した事例がある。２００８年に、ロシア人力士を含む複数の逮捕者が出た。使用理由は明らかにされていないが、おそらく彼らも疼痛緩和や食欲増進などが目的だったのではあるまいか。

２０２３年7月に『Cannabis and Cannabinoid Research』誌に発表された研究は、大麻を摂取したランナーはそのおかげでパフォーマンスが大幅に向上し、さらには回復さえもみられたと報告する。

前述のスノーボーダーのロス・レバグリアティも、大麻を使用することで、集中力が高まり、「ゾーン」に入る助けになると述べている。

プロ・サーファーのジャスティン・クインタルも、大麻は不安やストレスを緩和し、疲労からの回復に効果があると述べている。彼は、大麻製品を積極的に広めていくことで、サーフィンと大麻文化の両方に変革をもたらすことを目指しているという。

スケートボーダーのエリック・コストンも、疲労回復とともに、集中力の向上や複雑なトリックや技術的な挑戦に直面した時に、大麻は思考を柔軟にし、創造力を高める手段として機能すると語っている。

これらのスポーツに共通するのは、瞬時の判断力と、技を生み出すクリエイティビティである。ボード以外の道具を使わずに、環境と一体となって行う競技だからこそ、大麻の特性とマッチするのだろう。

ボードと関係の深い大麻文化

サーフィンの系譜に連なるスノーボードやスケートボードは、心身への影響以外にも、その競技が成り立っていく過程で、大麻文化と密接に関係している。

サーフィンが流行しはじめた1960年代のアメリカでは、サーフィンはカウンターカルチャーの象徴の一つとして位置付けられていた。

また、サーフ・カルチャーのアイコンであるザ・ビーチ・ボーイズなどの音楽やサーフィン映画の中でも、大麻を使用する場面が描かれるなど、サーフィンと大麻文化は密接に結び付いている。さらに、サーフィンが商業的に成長していく中で、サーフショップやサーフブランドは、大麻関連の商品を扱うことも多くなり、相互に経済的な影響を及ぼしていった。

サーフィンの延長線上にあるスノーボードも、大麻文化と深く関係していると、トリノとバンクーバーオリンピックに出場したスノーボード選手でプロスノーボーダーの國母和宏氏は語る。

未整備の大自然の中を滑り降りる「バックカントリー」での滑りが、國母氏の最大の魅力だ。命がけで滑降しながら、いかにダイナミックな技を繰り出すかがみどころだ。

國母氏は、競技中に大麻を使用することはないが、挑戦する斜面を俯瞰しながら、どのコースを滑るかを決めていく際に、大麻を使用することがあったという。滑降予定の山の斜面を眺めながらゾーンに入り、滑降するイメージを紡ぎ出していくのだろう。

彼のスノーボード人生には、常にカルチャーとしての大麻が存在した。英語も喋(しゃべ)れない10代の少年が、単身で北米のトップの世界に飛び込んだ際、スノーボード界の真ん中にある大麻を経験したことで、心身のパフォーマンスが向上するとともに、スノーボードの文化も体感した。史上最年少でアメリカの大会で優勝し、スノーボード界の最高峰で生きてきた彼にとっては、大麻文化は彼の選手生活を哲学的に支えてくれたのではないか。

2019年に國母氏が大麻事犯で逮捕された際、法廷で弁護側は、大麻の有益性やスノーボードとの深い関わりについても主張した。彼の減刑を求める嘆願署名には、彼の主張に賛同したオリンピックメダリストや世界のトップアスリート、スポーツ業界のリーダーたちの名が連なっていた。彼をサポートしてきた海外のスポンサー企業は、事件後も変わらずにサポートを続けている。

医療大麻はどこに向かうのか

THC治療が許可されるかが日本の医療大麻の鍵

『医療大麻の真実　マリファナは難病を治す特効薬だった！』（明窓出版）、『大麻由来合法成分 カンナビジオールががん細胞を死滅する』（パブファンセルフ）などの著書がある福田一典医師は、早い段階からカンナビノイドに着目し、自身のクリニックで末期がんなどの緩和医療の一環としてCBDを取り入れている。

また福田医師は、前述の山本正光医療大麻裁判（2016年）では、末期がんの山本氏から聞き取りを行い、証人として法廷に立った。

その際の福田医師の主張は、「末期患者が選択肢の一つとして医療用に大麻を使用できないのはおかしい」というものだった。

大麻由来医薬品のゆくえを、現場の医師はどのようにみているのだろうか。

福田医師は現在、治験によって使用可能になる製剤が、主成分がＣＢＤ１００％のエピディオレックスしかないことを危惧している。そして、次の段階として、ＴＨＣも配合されているサティベックス（カンナビノイド系がん疼痛治療剤）などの使用が可能になるまで円滑に進むことができるかに注目している。

エピディオレックスもサティベックスも、大麻草から主成分を抽出しているが、大麻そのものを医療用として使うのは、日本ではまだハードルがかなり高い。一方で、ＣＢＤはサプリとして盛んに使用されている。そのため改正以前には、ＣＢＤは医薬品と食品との区別がつきにくい状況になっていた。

また、ＴＨＣの医療利用が法律上は可能になったとしても、簡単に認可が下りない可能性もある。そのような状況が長く続くとしたら、医療大麻にこだわる必要はないのではないかというのが福田医師の考えである。

その理由として、福田医師は次のような意見を持っている。

１９９０年代にエンドカンナビノイドシステムやカンナビノイド受容体についての研究

が飛躍的に進化を遂げた。ＴＨＣが作用する受容体として、ＣＢ１受容体とＣＢ２受容体の役割が解明されつつあることは、前述の通りだ。

しかし今では、大麻の成分を使わずに、そのＣＢ１受容体やＣＢ２受容体をターゲットにした創薬の動きが活発になっており、海外ではすでにいくつかの医薬品が臨床で使用されている。

これは製薬会社にとって大きなメリットである。医療以外の問題と対峙しながら、大麻そのもの、あるいは大麻由来医薬品を作るよりも、別のアプローチで作った新薬の方が特許が取りやすく、大きな利益を生みやすいというわけだ。

福田医師は、大麻はいずれ医療目的で使われなくなるのではないかという考えに至ったという。

大麻に依存しない創薬の可能性

エンドカンナビノイドシステムは、人間の三大欲求である「食欲」「性欲」「睡眠欲」の制御にも関与している。

ＣＢ１受容体をブロックすると三大欲求が低下してうつになり、生きる意欲を失う。実際に、この仕組みを使った、「リモナバン」という痩身薬があった。

この薬は、ＣＢ１受容体をブロックすることで、食欲を減退させ、体重管理をサポートすることが期待されていた。しかし、自殺念慮や自殺行動などの精神的な副作用や悪影響を引き起こす可能性が指摘され、２００９年には欧州で販売停止され、日本でも臨床試験が中止された。

リモナバンとは逆に、ＣＢ１を刺激することにより、不安が軽減し気分がよくなる効果がある医薬品を作ることも可能である。

日本では自殺が社会問題になっているが、この仕組みを使って自殺を抑止する新薬が出てくる可能性もあると、福田医師はいう。

一方で、大麻の薬効の特徴として、前述のアントラージュ効果がある。

大麻の有効成分の相互作用によるアントラージュ効果のアドバンテージは大きい。だが、この効果を西洋医学が認めるかどうかという問題にも、福田医師は注目する。

西洋医学では、病気や症状に対する単体の物質の効果を調べ、再現性のある有効性を証明できたものを薬として認める。

アントラージュ効果を持つものは、薬としてのメリットはあるが、作用機序の複雑さや再現性の問題から、それを医薬品として認めるのはかなり難しい。むしろ、大麻より効果の高い医薬品が出てくる可能性がある。

さらに、エンドカンナビノイドシステムに作用する化合物を組み合わせて、アントラージュ効果を人為的に模倣することも可能になるのではないかという。

今回の法改正は、すでに治験がはじまっているエピディオレックスを医薬品として使うために必要なことだったが、今後は、規制する側が大麻由来医薬品をどこまで許容するかわからない。

一方で、エンドカンナビノイドシステムをターゲットにした特許取得可能な新規化合物の開発が、製薬メーカー主導で進む可能性もある。そうなると、医薬品の原料としての大麻の需要は減る。

このように、麻薬としての大麻規制の現状と、エンドカンナビノイドシステムをターゲットにした医薬品の需要の両方に対応する手段としては、大麻由来医薬品より大麻に依存しない創薬の方が、優位になっていくのではないかと、福田医師は考えているのである。

ＣＢＤ（カンナビジオール）製品について解説

一般流通しているCBDは医薬品ではない

現在、ＣＢＤオイルなどのいわゆるＣＢＤ製品は、食品や化粧品、雑品などとして流通している。その理由は２つある。

一つは、ＣＢＤにはＴＨＣのような精神作用がなく、極めて安全な物質だからだ。世界保健機関（ＷＨＯ）はＣＢＤについて、有用性が高く依存性や乱用のリスクが低いため、規制緩和の方向を示している。また、世界アンチ・ドーピング機構（ＷＡＤＡ）もＣＢＤをドーピングリストから除外しており、オリンピックなどの国際大会の試合中でも使用可能なのは前述の通りだ。

もう一つは、ＣＢＤを抽出する大麻草の品種にある。大麻草の規制緩和を行っている地域では、ＴＨＣの含有量が低い品種を「ヘンプ」と呼んで区別している。このヘンプから抽出したＣＢＤは、一般に流通できることになっているのだ。

日本でも今回の法改正によって、THC0・3%以下の品種はヘンプとして区別し、この品種からCBDを抽出することは可能である。

治験が行われているCBDを有効成分としているエピディオレックスは医薬品だが、エピディオレックスと一般のCBDは、法的に区別されている。しかし、双方ともにCBDであることから、効果は同じである。ただし使用者の目的によっては、CBD以外のレアカンナビノイドが含まれているCBD製品の方が、エピディオレックスよりも効果が高い場合がある。

国内で、体調管理のために食品や化粧品としてのCBD製品を積極的に使用しているひとがいるのは、このような理由からである。

CBDオイルの種類

CBDオイルにはいくつかの種類がある。

CBDアイソレート、フルスペクトラムCBD、ブロードスペクトラムCBD、CBDディストレート。どれも大麻草のカンナビノイド成分からCBDオイルを抽出したものだが、製造過程や成分に違いがある。CBD業界の中では、表現に若干の異同が見られるが、一般的な呼び方によってその違いを説明する。

①CBDアイソレート

「アイソレート」とは隔離や分離の意味であり、CBDアイソレートは原料である大麻草から、CBDだけを単体で分離したもの。しかし、完全に分離することはできず、約1％はその他のカンナビノイドが残留している。CBD結晶の粉末の状態で、レアカンナビノイドやテルペンは含まれないため、アントラージュ効果はない。食品や化粧品などのCBD製品の原料として広く使用されている。

PharmahempJapanが提供するCBDオイル「36%プレミアムゴールドオイルドロップ」

②フルスペクトラムCBD

大麻草から、CBDやTHC、テルペンなど、すべての成分を抽出したもの。そのためアントラージュ効果も高い。THCが含まれているため、日本では麻薬として規定されている。

③ブロードスペクトラムCBD

フルスペクトラムCBDとは異なり、すべての成分から法的に規制された成分を除去したもの。フルスペクトラムより効果は低いが、アントラージュ効果がある。THCが含まれていないため、日本では食品などのCBD製品の原料としても使用されている。

④CBDディストレート

「ディストレート」とは蒸留物という意味。原料の大麻草から抽出された「クルードオイル」と呼ばれる液体原料をディストレーション（蒸留抽出）したものだ。含有成分による区別ではなく、蒸留という精製方法によって作られたCBD原料の総称である。したがって、CBDディストレートには、フルスペクトラムCBDやブロードスペクトラムCBDが存在する。多くのカンナビノイドやテルペンが含まれておりアントラージュ効果があるが、蒸留抽出する過程で、テルペンなどの高温に弱い物質が損なわれる場合がある。CBDディストレートを原料としたブロードスペクトラムCBDは、ベイプ（水蒸気を吸引する電子タバコ）や、クッキー、グミなどのエディブル（食品）、化粧品などにも使われている。

ブロードスペクトラムＣＢＤをＣＢＤディストレートと呼ぶＣＢＤメーカーもある。

ＣＢＤアイソレートが、少なくとも99％のＣＢＤと他の物質を少量含んでいるのに対して、ＣＢＤディストレートは平均50〜70％のＣＢＤを含み、それと相乗的に作用し健康面の効果を促進する他の天然のカンナビノイドを30〜50％含んでいる。

欧米では、栽培時のＴＨＣ残留限度値であるＴＨＣ０・２〜０・３％のヘンプからＣＢＤを抽出して、「フルスペクトラム」のＣＢＤディストレートを作るが、日本では、さらにＴＨＣを除去したものが流通している。

法改正前には、検査機関で検出できない濃度だとされるＴＨＣ濃度０・０２〜０・０３％のものが、「ブロードスペクトラム」と呼ばれていた。この濃度では、陶酔作用はないが、微量のＴＨＣによってＣＢＤの効果が高まるといわれている。

ＴＨＣ残留限度値が０・００１％になったことの弊害

２０２４年11月30日現在、国内で流通しているＣＢＤ製品の原料は、すべて海外から輸入されている。

政令によるＣＢＤ製品のＴＨＣ残留限度値は０・００１％であり、ＣＢＤディストレートからこの数値までＴＨＣを除去すると、他のレアカンナビノイドも一緒に除去されてしまう。そのため、レアカンナビノイドとのアントラージュ効果によって体調管理をしていたひとたちにとっては、大きな弊害となっている。

特に、医薬品や手術などでは回復を見込めない難治性てんかんの患者たちにとっては、文字通り死活問題だ。

多くのメーカーにとって、このような日本の特殊な基準に合わせてＣＢＤ原料を作ることは、製造や管理に手間もコストもかかるので割に合わない。他の国と取引した方がよいと判断しているメーカーも多いだろう。

そのため、今後はＣＢＤ原料のコストや検査費用を価格に上乗せせざるをえない状況も出てくると予想されている。

CBD製品とTHC残留限度値

ところで、天然カンナビノイドからTHCをすべて取り除くことは不可能といわれている。それが合成CBDだとしても、CBDの一部が、熱や湿度によってTHCに変異してしまうことがある。出荷時には0・001%のTHC残留限度値をクリアしていたとしても、流通過程での変質によって限度値を超えてしまう恐れがあるのだ。

この問題をクリアしながら一般に流通させていくことは、大変難しい。さらに検査機関も、これほどの低い値を測定するには成分にブレが生じることもあり、かなり高精度の機材やオペレーションが必要だといわれている。

安全で有効性が高いことから、日本も含めて各国で広く使用されているCBDであるが、今回の法改正で極端に低いTHC残留限度値が定められたことによって、効果が低くなるだけではなく製造側の負担も重くなり、今まで携わってきた中小のメーカーの存続が危ぶまれている。

CBD製品がTHC残留限度値を超えてしまった場合、「直ちに回収しなければいけないが、故意でなければ罰則は科さない」と厚労省はいうが、製品の回収、廃棄などの新たなコストが生じることになる。

これらのことから、ＣＢＤ市場は、資金力があり流通管理能力の高い食品メーカーや製薬会社が有利になっていくのではないだろうか。

法改正に翻弄されるひとたち

合成カンナビノイドと大麻グミ

２０２３年11月。都内のイベントで配られたグミを食べた男女６名が、体調不良を訴えて病院に搬送されるという事件が起きた。

警視庁は当初、大麻由来の成分が含まれている可能性があると発表していたため、マスコミも大麻事件同様に大きく扱い、「大麻グミ」という名前が社会に広まっていった。

しかしその後の調べにより、このグミに含まれていた成分は大麻由来のものではなく、当時は合法だったＨＨＣＨという合成カンナビノイドであることが判明した。

合成カンナビノイドは、ＣＢＤリキッドなどを販売している業者の一部が２０２１年10月頃から販売を開始していた。この時に販売されたのは、ＨＨＣという物質だった。ＨＨＣを摂取するとＴＨＣに近い感覚がもたらされる。体感的にはＴＨＣまでの感覚には至らないが、それなりの効果はある。そのため、これらの製品は、ＣＢＤとは区別して「体感系」と呼ばれ、爆発的に広まっていった。

当局はＨＨＣの広がりに警戒感を強め、２０２３年3月に、ＨＨＣを薬機法（「医薬品、医療機器等の品質、有効性及び安全性の確保等に関する法律」）の指定薬物として規制する。しかしその後も、次々と新たな種類の合成カンナビノイドが登場し、そのたびに当局が規制するというイタチごっこが続いていった。

一方で、合成カンナビノイドのユーザーの中には、うつ症状や不眠を改善するためにそれらを使用しているひとも多く存在していた。彼らは、合法であることを前提に、多少高価でも購入していたのだ。

しかし、厚労省は、身体への安全性が確認されていない合成カンナビノイドを、野放しにすることはなかった。

合成カンナビノイド規制で発生したＴＨＣＶの問題

２０２３年9月、厚労省は合成カンナビノイドを包括規制した。その対象には、ＴＨＣＶという天然由来のカンナビノイドも含まれていた。

先にも少し述べたが、このことで問題が発生した。

ＴＨＣＶはＴＨＣと構造式が似ているが、精神活性作用を引き起こさない。そして、この物質は、ＣＢＤ同様に抗けいれん作用や神経保護作用などの医学的利点があることがわかっている。ＴＨＣＶは、合法的に流通している一部の製品にも含まれており、他社のＣＢＤ製品では症状改善を得られないひとたちにとって、代替不能な救済手段となっていたのである。

少女を救うために国を動かす

ＴＨＣＶが含まれているＣＢＤオイルは、重度のてんかんである大田原症候群に効果がある。大田原症候群とは、新生児期から乳児期早期に発症する重度のてんかんである。

このオイルを使用して、てんかん発作を抑えていた大田原症候群の患者のひとりに渡久山愛ちゃんという女の子がいる。

彼女の両親が、ＣＢＤメーカーPharmahempJapanが提供するブロードスペクトラムＣＢＤオイルを愛ちゃんに与えたところ、てんかん発作が抑えられた。やはりこれらの症状には、ＣＢＤアイソレートよりも、他のカンナビノイドや大麻成分も含まれているブロードスペクトラムCBDの方が効果が高い。

愛ちゃんを支援してきたCBD業者であるVapeManiaは、THCVが規制されたことに対して、務台俊介衆議院議員（当時）に相談した。事態を重くみた務台議員は、さっそく、厚労省の担当者を呼び、この問題についての解決を求めた。

さらにこの現状について、カンナビノイド医療患者会、一般社団法人GREEN ZONE JAPAN（GZJ）、日本臨床カンナビノイド学会の3団体による要望書が厚労省に提出された。加えてこの一連の動きに対して、大麻由来医薬品の治験や法改正を推進してきた秋野公造議員も、厚労省に強く働きかけた。

これらの尽力によって、2023年12月1日に厚労省よりTHCVを含有するCBD製品の特例使用許可についての通知が発表された。国会で法改正の審議が行われている真っ最中であった。

しかし、特例使用許可によるTHCV使用の可能性は残されたものの、市販のCBDからはTHCVが除去されてしまったため、今まで症状が抑えられていた人々も、発作が再発しはじめた。

難治性小児てんかんのかれんちゃんの場合

宮部かれんちゃんという女の子がいる。彼女は、ウエスト症候群というてんかんを患っている。

2018年3月に生まれたかれんちゃんは、生後3カ月で、ウエスト症候群を発症し入院した。投薬治療などで発作は治まり、同年8月に退院したが、2020年1月に発作が再発し、全脳梁離断手術を受けた。

全脳梁離断手術とは、難治性てんかんに対する緩和治療で、大脳の左右の連絡をする脳梁を切り離すことによっててんかん波を抑制するものだ。

しかし、かれんちゃんは、術後1カ月で発作が再発してしまう。両親は悩んだ末に、てんかんの原因である特定部位を取り除く焦点切除手術を娘に受けさせることを決める。この手術では、何らかの身体的後遺症が100％出るという。とはいえこのままだと、15歳になっても喋ることができず、寝たきりの可能性がある。

両親は相当悩んだはずだ。

その間も、かれんちゃんの発作の回数は増え、泡を吹いて倒れたり、気絶して数時間目を覚まさなかったりするなど、症状も深刻になっていった。

手術の申し込みを済ませた後も両親は、リスクの少ない方法で娘を救えないかと、必死に情報を探した。そんな時、GREEN ZONE JAPANの正高医師のXの投稿を読み、CBDオイルの摂取を開始した。

摂取を開始してから10日ほど経過すると、発作が少し減りはじめた。そして、23日目に発作が消失し、焦点切除手術は中止になったのだ。

100㎎のCBDを1日2回ずつ服用し4年経過したが、2024年11月時点で発作は一度もなく、脳波も安定して元気に過ごしている。

子どもを守る親の気持ち

改正後のTHC残留限度値の規制によって、かれんちゃんが摂取しているCBDオイルは今後どうなってしまうのか。

かれんちゃんの場合は、改正前はアントラージュ効果が期待できるブロードスペクトラムCBDを使用していたが、THC残留限度値が限りなくゼロに近い厚労省案が採用されたことにより、今後はこれまで使用してきた製品ほどの効果は期待できない。

この結果、発作が再発してしまうかもしれない、と宮部さんのご家族は不安を抱えながら、日々を過ごしている。

エピディオレックスは3つのてんかんにしか使用できない

ウエスト症候群の患者は、全国推定で2500人から7500人存在する。

そして、現在治験が行われている大麻由来製剤エピディオレックスは、ウエスト症候群に効果があるといわれている。しかし、この製剤が施用可能となっても、ウエスト症候群の患者たちは適用外だ。ウエスト症候群は、今回の治験プログラムの対象に入っていないからである。

現在行われている臨床試験は、100種類以上あるてんかん分類の中で、ドラベ症候群、レノックス・ガストー症候群、結節性硬化症の3種類しか治験対象としていない。臨床試験には莫大な費用がかかるからだ。この費用は、基本的に製薬会社が負担しなければならない。そのため、ほとんどのてんかん患者は、エピディオレックスを医療目的で使うことができないのだ。

さらに厚労省の示すTHC残留限度値では、今までCBD製品を使用してきた患者たちが不利益を被る。そうならないように、CBD使用を支持している議員、医師や関係者たちは、特別な枠組み作りのために奔走していた。

THC残留限度値を、ここまで下げる必要性が、本当にあるのだろうか。

かれんちゃんの父親である宮部さんは、CBDに限らず大麻そのものも治療のために合法化すべきではないかと考えている。そうすることで、患者たちの選択肢が広がり、より多くのひとが助かるからだ。

多くの規則を作り、規制することを第一とする日本社会の体質は、果たしてこれからの日本を幸せにできるのだろうか。

宮部さんの話を伺い、彼の素直な意見が心に沁みた。

かれんちゃんは、現在、小学校1年生。公立の小学校に通っている。入学前は自分の名前が書けなかったが、今では名前も数字も書けるようになり、周囲の影響を受けながら、ものすごく成長していると宮部さんは嬉しそうに話す。

規制で体制を保とうとすることは簡単かもしれない。しかし、それによってこぼれ落ちてしまうひとたちにも、国は目を向ける必要がある。

映像作家・杉野啓皐氏の場合

ＣＢＤは、多くの疾病に効果がある。しかし法律の壁があるため、食品としてのＣＢＤ製品には、その効能を表示してはいけないことが薬機法で決められている。

映像作家の杉野啓基（ひろき）氏は、持病であるてんかんをＣＢＤで抑えながら、作品を通して、この問題を訴え続けている。

杉野氏は14歳の時に脳内出血を起こし、開頭手術の後遺症でてんかんを患った。初めててんかん発作が起きたのは、高校1年生の時だった。授業中に妙な香りと吐き気を感じた直後に、体が左に捻（ねじ）れて意識を失い転倒した。その時から、幾度となくてんかん発作を発症している。

発作は前兆なく起こるため、事前策が講じられない。そのため、気が付いたら救急車で搬送されていたり、部屋中の窓ガラスが割れていたり、眼の周りを骨折していたりしたこともあった。

意識消失を伴う大きな発作は年に2、3度の頻度で起きるが、それ以外に、本人が認知できていない部分発作も起きている。

20～30代の頃は後遺症が少なく、2日もあれば80％くらいの機能を回復できていたので、仕事にも創作活動にも励んできた。しかし仕事の際には常に発作のことを頭の片隅に置いていないと、大きな怪我や重大な過失を起こしかねない。いざ倒れても何とかなるように、周囲との連携も必要になる。

発作を抑制するためには服薬が一般的だが、杉野氏の場合は薬の副作用が精神面に強く現れ、感情のコントロールが難しくなり、社会や集団から孤立することもあった。

聖なるハーブが社会を癒す

杉野氏はドキュメンタリー作品を作るために、ロサンゼルスでラスタマンと多くの時間を過ごしてきた。ラスタマンとは、ジャマイカの思想であるラスタファリズムを信仰するひとたちのことだ。

ラスタマンたちは、大麻草を旧約聖書の一節に記された「聖なるハーブ」と同一視している。彼らは、神聖な儀式で大麻を利用することで神に近付けると信じている。

杉野氏は、ラスタマンたちの日常風景の撮影中に、カメラ越しに初めて大麻をみた。

彼らがカメラに向かっていった言葉が強く印象に残ったという。

「ハーブが社会を癒す」

杉野氏が大麻に関心を持ったきっかけは、大麻の精神作用ではなく、てんかんによいということからだった。だが日本では違法なため、服薬治療を続けるしかなかった。

そんな日々の中、前述のシャーロットが登場するCNNのドキュメンタリー番組を観たことでCBDを知った。てんかんを患う彼には衝撃の映像で、希望の光のように感じたという。さっそくCBDを利用し、帰国後には個人輸入もした。しかし、いつ、どのくらいの用量を摂ったらいいのか情報がみつからない。さらに、彼の発作は年に2、3度起こるため、発作がなくなったかどうかの判断も難しい。

CBDオイルは高価なため、少しずつしか摂取しなかった。てんかんの後遺症も今ほどではなかったこともあって、大きな効果を実感できず、次第にCBDを使うことはなくなった。

その後、年齢を重ねるごとに、発作やそれによる後遺症も重くなり、発作のたびに認知機能が大きく衰えるようになっていった。ついには回復に少なくとも2〜3カ月を要するようになったため、服薬を再開した。しかし、年に数回の発作を抑えることはできなかった。

杉野氏のてんかん発作の後遺症には、記憶障害、認知機能低下、精神障害、左半身の痺れの悪化がある。

発作の直後には、携帯電話の連絡先に登録されているほぼすべてのひとを思い出せなくなる。その後3カ月ほどで記憶は改善するが、くだらない内容で笑うようになり、仕事でカメラを組み立てられないなどの記憶錯誤が起こり生活に支障をきたす。最近は発作と併発する「せん妄」症状にも困っているという。しかし、抗てんかん薬にも幻覚や悪心(おしん)を誘発する副作用があるため、八方塞がりである。

そこで杉野氏は、改めて大麻草由来のCBDのエビデンスを調べ直し、2017年頃からCBDオイルを常用する生活を再開した。すると、摂取を再開してから4年半、深刻な発作をゼロに抑えられるようになった。

てんかん発作が2年間抑えられ寛解を迎えてから、医師の指導に従い徐々に薬を減らしていった。減薬から2年半は発作を抑えられたが、残念ながら2022年に発作が再発した。しかし、その間のCBDの効果は確実にあったと杉野氏は断言する。

一度発作があると、その後しばらく発作が起こりやすくなる「負のループ」に陥ってしまう。そのため現在では、予防のためにCBDの摂取量を1日1500㎎に増やしているという。杉野氏は、法律の壁と闘いながら、手探りの状態で暮らしている。経済的にも大きな負担だろう。

杉野氏も、厚労省が示したTHC残留限度値に不安を抱えている。これまで使用していたCBD製品が使えなくなり、代替品も見当たらない。成分が変わった場合に発作が今より重くなるのか、回数が増えるのか、まったくわからない。

あまりに非情な判断ではないかと杉野氏はいう。仮に以前に起きた重篤な発作が再び起きたら死ぬこともありえるのだ。

杉野氏は、国が利用者の声に耳を傾けず、行政のルールだけで自らの生活を決定されてしまうことに違和感を抱いている。国民生活の保障・向上を目指す役割の厚労省によるこの規制に矛盾を感じているのだ。

厚労省の示すTHC残留限度値はクリアできるのか

杉野氏は現在、法改正によって設けられた残留限度値をクリアできるかについて、国外のCBD業者に問い合わせを行っている。しかし現状は厳しいようだ。

コロラドとハワイの業者は途中で連絡が途絶えた。アジアの業者はTHCの残留限度値はクリアできても、レアカンナビノイドは用意できないと明言したという。

杉野氏は、大麻取締法の改正内容に納得していない。筆者の取材の最後に、その思いを語ってくれた。

「CBDを使って牛活を改善できているひとにとって、厳罰化が意味するのは、生きる希望を失うことです。家族にとっても、共に幸福に生きる権利を奪われます。

CBDに入っているTHCの残留限度値を下げるということは、時代錯誤といわざるをえません。海外の基準と比較しても、考えられないような数値だし、現在流通しているCBD製品に含まれるTHCの数値でも、なんの問題も起きていません。

今回の改正案が発表されてから、僕以外にも命の不安を感じている方がたくさんいます。重症の子どもたちや社会復帰をしたくてもできない難病の方がCBDを使って改善している現状を知りました。てんかん患者の中には障害により、声を上げたくても言葉を発せられない方々もいるのが現実です。そういった状況に鑑みて、私はてんかん患者のひとりとして、声を発していくと決めました。

『ハーブは社会を癒す』、このラスタマンの言葉の意味が、今になって心に響いています」

とり残された患者たちをどうやって救うのか

患者たちがこれまでに医薬品の代替として使用してきたブロードスペクトラム製品につ

いて、残留限度値を超えたものをどのように入手すればいいのだろうか。

厚労省は、「特定臨床研究の枠組みで、麻薬輸入業者によって輸入した製品を医師が処方することで患者が入手できる仕組みとする」と回答しているが、２０２４年11月の段階では、具体的な方法については発表されていない。

医薬品の代替としてブロードスペクトラムＣＢＤを使用してきたひとたちへの対応を、厚労省は難治性てんかんの患者に絞っていた。しかし、それ以外の疾病や体調管理にＣＢＤを使用してきたひとも多くいるのだ。

このような問題についてもＣＢＤ議連は、厚労省に質問を投げかけた。

議連からの、「今後、海外でも実績のあるがん疼痛緩和などの臨床試験をしないのか」という問いについて、厚労省は「そのようなニーズがあるのは承知しているので、法改正の枠組みを踏まえて、関係学会や企業等と相談しながら進めていきたい」と述べるにとどめた。

結果的に厚労省は、ＴＨＣ残留限度値を信じられないほどの厳しい数値にすることによって、ＣＢＤ製品についても規制し、コントロールできるような体制を整えたのである。

この結果、厚労省の監視下でＣＢＤ業界を再編成することが可能となった。

厚労省は「今後の研究や状況によっては、規制を変更する」と述べているが具体的な方針は示されていない。

厚労省による極端に低いＴＨＣ残留限度値は、ＣＢＤ製品に助けられてきた多くの患者たちにとって、命に関わる問題なのである。

カンナビノイド医療患者会の活動

カンナビノイド医療患者会（ＰＣＡＴ）という団体がある。

この団体は、ＣＢＤの医薬品としての認可がなかなか進まない現状に対して、市販のＣＢＤ製品を使って、小児てんかんの子どもたちをサポートすることを目的に設立された。設立者のひとりは、医療大麻合法化にも尽力したＧＺＪの正高佑志医師である。ＰＣＡＴの設立は２０２１年だが、その前身は、ＧＺＪが運営していた「みどりのわ」というチャリティプロジェクトだった。このプロジェクトは、てんかん患者たちに安価なＣＢＤ製品を、継続的に提供することを目的に活動していた。

日本でＣＢＤ製品が流通しはじめたのは２０１３年頃だが、正高氏は、アメリカの子どもたちのように、劇的にてんかん発作が治まったという話が国内で聞かれないことに疑問を持っていた。彼は、その理由には、2つの可能性があると推察した。

1つ目は、当時日本に輸入されていたCBDが、薬効成分が豊富に含まれる花穂から抽出されたものではなかったという点である。

日本の大麻取締法では、薬効成分が豊富に含まれる花穂や葉からCBDを抽出したものは使用できないため、規制のない茎から抽出しているという証明書がついたCBD製品しか流通できなかった。そのため、花穂から抽出したCBDよりも効力が弱いのではないかと考えたのだ。

2つ目は、CBDの摂取量が足りないという仮説だった。CBDは高価なため、経済的負担により一度に多く摂取できないのではないか。

アメリカで発表された研究論文によると、体重1kgに対してCBDの適量は20mgと記載されていた。これに当てはめると、体重10kgの子どもは毎日200mgを摂取する必要がある。

当時のCBDの相場が1mgあたり15円くらいだったので、1日3000円。ひと月に約10万円かかる。経済的に、それだけの量を摂取できる子どもは少ないだろう。しかし論文には、適用量を摂らないと効果がないと書かれており、正高氏は、やはりCBDの摂取量の問題であろうと結論付けた。

そんな折、大田原症候群を患っている、生後6カ月の子どもの両親から相談があった。半年間てんかん発作が治まらず、なにか方法はないかと探していた時にCBDのことを知ったという。

さっそく、子どもにブロードスペクトラムCBDオイルを摂取させることになった。子どもの体重は8kg。体重1kgに対してCBD18mgの摂取量からはじめると、発作がピタッと止まったのである。

しかし、すべての患者が必ずそのようになるとは限らず、効果には個人差がある。そんなことから、このケースはビギナーズラックだったのかもしれないと、正高氏はいう。

適用量のCBDを摂取すれば、発作が落ち着くひとが世の中に多数いる。しかしやはり、経済的な負担も大きい。そんな時に、製品を非営利的な価格で提供するメーカーが現れ、その後、他の難病患者たちへの供給も開始した。

しかし、てんかんなどの難病の関係者にCBDを理解してもらうのは、容易ではなかった。当時はCBD製剤の治験もはじまっておらず、今よりもCBDについての理解が広がっていなかったからだ。そのような状況下で、患者がCBDを摂取することに難色を示す主治医も多かった。そのため正高氏は、主治医宛てに海外の研究成果や状況を丁寧に説明していった。

それと同時に、「危ないものではないですが、現在服用している薬との相互作用があるかもしれないので、血中濃度には気を付けてください」という手紙を、東京大学や京都大学、てんかんセンターや全国各地の大きな病院の医師など、100カ所近くに送り続けた。

こうした草の根的な活動によって、少しずつ、CBDへの理解は広がっていった。

当初は、てんかんの患者だけを対象に活動してきたが、次第に別の病気の患者からも問い合わせがくるようになり、対象とする病気の種類も患者の数も増えていった。

そのため、将来的には患者自身が運営する形にしていった方がいいだろうということになり、最初に症状がよくなった子どもの両親が初代会長となり、PCATがスタートしたのである。

PCATは、2024年11月の時点で、300名強の会員が在籍している。

避難経路としての、THCを含有するCBD製品

一方で、THCVが2023年8月に規制されたことで、PCATは、供給するCBD

製品の変更を余儀なくされていた。これにより、患者たちのてんかん発作も再発していった。さらに今後は、THC残留限度値による問題もある。法改正は歓迎しているが、CBD製品のさらなる切り替えで、THCV規制の際と同じような状況になることを正高医師は懸念しており、この問題を解決していくために、日本臨床カンナビノイド学会の太組理事長と、秋野議員に協力を仰いだ。

太組理事長は、厚労省によってカンナビノイドの特定臨床研究のために設置された、厚生労働特別研究班の班長も務めていた。

相談の結果、厚生労働特定臨床研究という形をとれば、THCやTHCVが含有されたCBD製品のための避難経路が作れるのではないかということになった。

特別研究班は、難治性てんかんの患者たちが使用しているCBD製品に対するアクセスを阻害しない具体的な対策について検討を続けている。

さらに、厚労省は臨床研究の対象者を難治性てんかん患者に限定しているが、これらのCBD製品を必要とする線維筋痛症やがんの患者もいる。研究が継続することで、難治性てんかん患者以外にも、対象者を広げていくことができるのではないかと、彼らは考えているのである。

コラム
アンドルー・ワイル博士インタビュー

２０２３年３月。筆者が所属する、大麻草の有効活用促進を目的とした任意団体クリアライトが、医学博士のアンドルー・ワイル氏に話を聞く機会を得た。

ワイル博士は統合医療の権威であり、大麻草研究の第一人者でもある。

１９７７〜80年の芥川裁判（１８４ページ以降で解説）の際に大麻の有益性について証言して以来、ワイル博士が日本で大麻について公に語ったのは、初めてだろう。

各章の内容と重複する部分もあるが、貴重なインタビューなので、ここでは発言をそのまま紹介したい。

日本はなにも進んでいない

――芥川裁判の際に、証言台に立った経緯を教えてください。

ワイル博士（以下Ｗ）　親友の上野圭一さんから、芥川さんを紹介されました。

上野さんは、私の本の多くを日本語に翻訳しています。そのため私たちは、とても長い間、お互いによく知っています。

『ナチュラル・マインド　ドラッグと意識にたいする新しい見方』（草思社）を出版後に来日した際、上野さんに会いました。そして、彼から芥川裁判の話を聞き、証言をしてもらえないかとお願いされました。それから彼は、裁判を担当している丸井弁護士を紹介してくれました。

私が証言した1979年から、日本では大麻取締法になにか変化はありましたか。

W　なにも変わっていないどころか、むしろ後退しています。

——信じがたいことですね。非常に残念だと思います。ほぼすべての先進国で起こった変化と非常にずれています。

W　日本政府は使用罪をつけようとしています。

——私が証言をした1979年以降、大麻の医学的な利点と安全性について、膨大な研究が行われてきました。大麻は安全です。そしてアメリカは、医療及びレクリエーション用途について、完全な合法化に向かっています。これは、メキシコやヨーロッパなどでも起きている事実です。日本は非常に時代遅れだと思います。ほとんどの文明国で起こっているトレンドですから。

私が芥川裁判で証言をした1979年。丸井弁護士はこういいました。「日本の裁判所が外国人を証言する専門家として認めることは非常に珍しいことだ」と。彼らが私にそうさせた唯一の理由は、日本人の大麻専門家がいないからでした。今現在はどうですか。

――数人はいます。でも、ここにいる他のメンバーは、ゼロだといっています。

W　ああ、それは残念ですね。

――確かにあなたのような日本人はいません。私たちは、まだあなたの助けを必要としています。

W　わかりました。喜んでお手伝いさせていただきます。
しかしまったく信じられないことですね。状況が変わっていないということが。1979年以来、ずっとですよ。信じられないです。

――芥川裁判から43年を経ても、ここではなにも変わっていません。一方、アメリカでは合法化が進んでいます。非常に勢いよく、前進しています。それについてどう思いますか。

W　アメリカだけではなく、今では多くの国がそうです。ヨーロッパのほとんどの国やメキシコでも。南米の一部の国では、政府が同様の指示を表明しました。
つまりこの点において、日本は本当に後進国なのです。

大麻を恐れることは愚かなことです

――アメリカでは近い将来、大麻の合法化や非犯罪化はあるのでしょうか。

W　もうすぐです。私の推測では、2年以内だと思います。
まず医療用で利用可能になると思います。大麻を規制している、連邦規制物質法のスケジュール（規制レベル）1から、大麻を外さねばなりません。おそらくすぐに起こると思います。
（※このインタビューの後、2024年4月に、アメリカ連邦政府は、大麻をもっとも規制が厳しいレベルであるスケジュール1から、医療利用可能なスケジュール3に緩和することを発表した）

――今回の日本の大麻取締法改正の中で、いくつかの問題点があると、私たちは考えています。まず一つは、THC規制濃度の残留限度値についてです。そしてもう一つは、大麻使用という罰則を、新たに追加したということです。

さらに問題なのは、医療利用についての規制です。エピディオレックスを大麻由来医薬品として使用が可能であるとしながら、その一方で、大麻草自体を使用することができないのです。

W それはとても愚かなことです。なぜなら、製薬の方がよっぽど危険だからです。製薬は大麻の有益な効果を再現しないと思います。

植物自体よりも、中毒反応を引き起こす可能性が高いです。

——ホリスティックの枠組み、または、植物療法や統合医療の枠組みの中で、大麻をどのように位置付けますか。

W 第一に、大麻草は非常に安全です。ご存じの通り、大麻の使用による死亡事故は報告されていません。

大麻草の効能は多岐にわたりますが、それらについては、非常によく研究され論文化されています。

しかし、大麻草を薬用植物として使用することについて、問題もあります。大麻の化学的構造は非常に複雑だからです。そして、作用の仕組みがよくわかっていないのです。

また、反応には個人差が大きくあります。

例えばあるひとたちは、大麻を使用すると眠りにつくのに役立つといい、別のひとたちは、就寝前に使用すると、眠りにつけなくなるといいます。それは混乱を招きます。ですから、まだ学ばなければならないことがたくさんあります。

しかし結論からいうと、大麻はとても安全だということです。そして、多くの可能性があります。

日本のみなさんには、大麻草は非常に有用な植物だといっておきたいと思います。そして、それを拒否して恐れることは、愚かなことです。

大麻草を、よい目的のために使用する方法を学ぶ方が、はるかに賢明です。そしてこれは、現在のほとんどの先進国での傾向であり、日本も大麻に対する法的規制を撤廃する方向に向かうべきです。

W

サイケデリックスが地球を救う

アメリカでは、大麻合法化の動きと同時に、もう一つ起きていることがあります。

それは、サイケデリックス（幻覚剤）の合法化です。この変化は、現在急速に起こっています。これによって、MDMAが利用可能になると思います。MDMAは、PTSDの治療に有効です。

MDMAだけではなく、幻覚性キノコの成分であるシロシビンについても同様です。シロシビンは、治療抵抗性うつ病の治療に利用されています。すでにいくつかの州では、これらは完全に合法です。そしてこの変化は、連邦レベルでもすぐに訪れると思います。

サイケデリックス体験は、世界を救える唯一のものだと思います。

――それはどういうことでしょうか。

W　私たちは明らかに破滅に向かっています。どうみても、気候が変動しています。政治的な混乱も世界規模で起きています。

サイケデリックスは、この状況を変える可能性があります。たった一度のサイケデリックス体験が、人々の考えを変えることができるからです。

サイケデリックス体験が、自然との関わり方や、お互いの関わり方を変えるのです。だから私は、サイケデリックスに大きな希望を持っています。これはとても素晴らしいことだと思います。

ほんの数回のサイケデリックス体験で、人々の意識が変わり、行動に変化があらわれる。このことで、結果的に社会に多大な利益を生み出すことができます。そして、医療費を払っている人々に、大きな影響を与えるのです。

（聞き手：丸井英弘・大藪龍二郎・長吉秀夫　通訳：三木直子　場所：任意団体クリアライト本部）

第四章 薬物政策としての大麻

THCと大麻は、麻薬として取り締まられる

THCは悪なのか？

1964年、イスラエルのラファエル・メコーラム博士が初めてTHCの単体分離に成功したことにより、大麻の科学的解明は進んでいった。

THCを摂取すると、陶酔する「ハイ」の状態を引き起こす。この精神的作用が危険であるというのが、規制する側の論理だ。同時にこの成分は、嗜好用の大麻にはなくてはならないものである。

厚労省や警察は、THCを摂取すると幻覚がみえるとしている。しかし、THCは幻覚剤ではない。少なくとも筆者が摂取した限りでは、一度も幻覚をみたことはない。

THCを摂取することで、心身共にリラックスする。また、覚せい剤のように仕事や細かいことに集中できる作用ではなく、創造力が増し、物事を深く考察することができるようになる作用がある。

ヒンドゥ教では、大麻は瞑想やヨガなどにも用いられるが、それは、THCによる変性意識によって、より深い内観を得るためだと考えられる。言い換えれば、THCの精神的作用は、瞑想した際の精神と同様の状態を引き起こすといっていいだろう。

一般社会では、大麻を使用したことで、時間にルーズになり、物事を楽天的に考えるようになるひとも多く見受けられる。そのことで怠惰で自堕落になるととらえられ、大麻は社会的な弊害の一つと考えられている。しかしこれは、個人のライフスタイルの問題でもある。この価値観の違いが、規制する側と非犯罪化を望む側との大きな隔たりを作っている。

「マリファナ」と深く関わってきたヒッピー文化への嫌悪感なども、存在するのではないだろうか。

海外での大麻利用は違法か？

旧法では、海外で大麻を所持した場合でも、日本国内の刑法第二条が適用され、違法とされていた。刑法第二条は、海外からの麻薬の密輸やテロなどに対応するための法律である。

現実的には、海外で日本人が大麻を所持しているところに、日本の警察官が現れて逮捕するということは考えられないが、海外での所持によって帰国後に何らかのトラブルに巻き込まれる可能性があった。

また、医療大麻が合法化された国で治療を受けたいと望んでも、旧法では大麻の医療利用も禁止されていたため、多くのひとが治療を断念してきた。

だが現在は、大麻の医療利用や嗜好を合法化した国や地域が広がり、世界の現実と日本の法律との乖離が生じている。

このような疑問について、2023年11月10日の衆議院厚生労働委員会で、西村智奈美議員（立憲民主党）の質問に対して、武見（たけみ）敬三厚労大臣は以下のように答弁した。

西村（智）委員　もう一つは、例えば海外で使用した場合です。

大麻、海外での、使用が合法化されている国、ちょっとずつ今は増えている状況ですよね。そういったところで使用して国内に帰ってきた場合に、例えば空港などで使用罪に問われることがあるのかどうか、伺います。

武見厚労大臣　まず、麻薬関係法令において施用罪に国外犯処罰規定は適用されないために、海外で大麻を吸引しても、日本の麻薬及び向精神薬取締法の適用はされません。

また、改正法案によりますと大麻施用罪創設後も、大麻を海外で吸引して帰国した人については、大麻を所持していなければ、仮に尿から大麻の代謝物が検出されても、直近で海外への渡航歴があり、国内での施用を裏づける証拠がない限り、立件されることはございません。

ただし、大麻の所持や譲受け（ゆずりうけ）等の行為については国外犯規定が適用されますので、当該各行為が滞在国において合法でない場合は各罰則が適用される可能性がございます。（後略）

（第212回国会　衆議院厚生労働委員会議事録より抜粋）

この答弁により合法地域での大麻治療も嗜好利用も、帰国後に罪に問われないことが明確になった。

しかし使用が合法であっても、その国で禁じられている違法な輸出入や譲渡・譲受けが行われた場合には、麻向法の国外規定により罪に問われる。そのため、その行為がなされた当該国において法令違反であると同時に、わが国の法令にも違反し、国外犯として処罰される可能性があるのだ。

例えば、海外旅行中に使用した大麻の残りが荷物などに紛れ込んでしまい、そのまま国外に持ち出した場合には輸出罪により国外犯として罰せられる可能性がある。また、それが日本に持ち込まれた場合は、国内法で輸入罪に問われる可能性もある。

このことから、合法とされている国においても、使用を前提とした所持や譲受け等の行為が存在するため、十分な注意が必要になる。

大麻政策、世界の潮流

ドラッグ問題の根底にある差別意識

世界の大麻政策は、1909年の上海阿片会議や1912年のハーグ国際阿片会議などで調印された、アヘンやコカイン、大麻などを規制する国際条約からはじまった。

20世紀の薬物政策の歴史の詳細については、拙著『大麻入門』(幻冬舎新書 2009年)を参照してもらいたいが、この国際条約を起点としてアメリカ連邦政府がとり続けた薬物政策が、今日でも各国の薬物政策に影響を及ぼしている。

20世紀初頭のアメリカの薬物政策の基本的な考え方には、移民労働者やアフリカ系アメリカ人への差別意識が深く根付いていた。

国内の労働力不足を補うために推進してきた移民政策が、やがて自国の労働者たちと移民とが職を取り合う結果を生んだ。それが、外国人労働者を排除しようとする社会的な偏見へと発展し、さらに「外国移民は危険な麻薬を乱用し、白人社会に害を及ぼしている」というデマと化していった。

中国人労働者はアヘンを、アフリカ系労働者はコカインを、そしてメキシコ系労働者は大麻を、アメリカに持ち込み蔓延させることで、白人社会に有害な影響を与えていると人々は認識するようになったのだ。

そこで連邦政府は、薬物を使用している移民たちを取り締まり、社会から排斥する政策をとった。国内の麻薬使用者たちを、社会の一員としてではなく、反社会的な存在としてとらえたのである。

1961年、ニューヨークにおいて麻薬単一条約が締結された。麻薬乱用の防止と、麻薬の生産や供給を規制するための国際条約である。

この中で大麻は、幻覚剤であるLSDとともに、医療用としての価値がなく重篤な依存性のある物質と位置付けられた。条約には71カ国が加盟し、1964年に発効した。

これをきっかけに、当時は薬物に寛大な政策をとっていた欧州各国も、所持や使用を犯罪化しはじめる。

1965年にベトナム戦争にアメリカが本格的に介入すると、従軍していた若者たちの中に、現地でヘロインや大麻の嗜癖(しへき)を持つ者が現れた。そして、それが社会問題となっていった。しかし、それよりも連邦政府が問題視したのは、反戦運動であり反政府運動だった。

さらに大麻は、1970年にアメリカのニクソン大統領によって定められた連邦法「規制物質法」によってより厳しく規制される。当時はベトナム戦争が泥沼化しており、アメリカのみならず、欧州や日本でも反戦運動が繰り広げられていた。

反体制を掲げる若者たちの間で生まれたヒッピームーブメントによって、大麻は平和の象徴となっていったのである。

大麻規制を政治利用してきたアメリカ政府

「大麻は本当に有害な物質なのか?」

規制物質法が制定されるにあたり、ニクソン大統領が任命した超党派のメンバーによる委員会が大規模な調査を行った。

会長には元ペンシルベニア州知事のレイモンド・P・シェーファーが任命されたため、この委員会は通称「シェーファー委員会」と呼ばれている。

1972年、同委員会は「マリファァナに関する全米委員会報告書」をニクソン大統領に提出した。

報告書は、「アメリカの国民感情はマリファァナ使用者を危険視する傾向があるが、実際には使用者は穏やかで消極的である。大麻は社会に広範な危険を引き起こしていない」とし、大麻の個人的な使用は非犯罪化されるべきであると結論付けた。

しかしニクソン政権は、この結論を無視して、大麻を規制物質法で最も有害とするスケジュール1に位置付けたのである。

つまり、大麻を規制する理由は、科学的な根拠によるものではなく、政治的な理由によるということだ。そして、その根底には人種差別や戦争、経済的な動機が潜んでいる。

若者たちを中心に、ベトナム反戦とニクソン政権批判の運動が繰り広げられていたが、その象徴とされていたのが大麻だった。

ニクソン政権の中心人物であったジョン・アーリックマンは、ジャーナリストのダン・バウムによって1994年に行われたインタビューの中で、次のように述べている。

「1968年のニクソン陣営、そしてその後のニクソン・ホワイトハウスには、反戦左派と黒人という2つの敵がいた。私のいっていることがわかるだろうか？　戦争反対と黒人のどちらも違法にすることはできないが、ヒッピーはマリファナ、黒人はヘロインを連想させ、その両方を厳しく取り締まることで、これらのコミュニティを混乱させることができる。彼らのリーダーを逮捕し、家宅捜索し、集会を解散させ、毎晩のようにニュースで中傷することができた。私たちは、麻薬について嘘をついていることをわかっていたかって？　もちろんわかっていたよ」（"Legalize It All: How to Win the War on Drugs" by Dan Baum より訳出）

一方、ニクソン政権のこのような大麻厳罰化政策に対して、11の州がマリファナを非犯罪化し、他のほとんどの州が罰則を緩和した。

厳罰化するアメリカと、非犯罪化で救済するヨーロッパ

アメリカ連邦政府は、1937年に大麻を規制する法律「マリファナ課税法」を成立さ

せた際も、当時の連邦麻薬局初代長官であったハリー・J・アンスリンガーの強力な指揮の下で、「大麻は移民たちが持ち込んだ、ひとを狂人にさせる恐ろしい植物である」という過激なプロパガンダを新聞や映画を使って展開したが、この説には科学的な根拠がなく、政府の偽りであることが明らかになった。

この一件から、一部のアメリカ国民は、大麻に関する政府の情報に不信感を持つようになる。その後も、前述のニクソン政権による科学的根拠を無視した大麻規制政策などにより、国が発する大麻情報の信憑性を疑うひとたちが、一定数存在してきた。

やがてニクソンは、「薬物戦争」を唱え、「アメリカ人最大の敵は薬物乱用である。この敵と戦い、打ち破るために、あたらしい総攻撃を行う必要がある」と訴えはじめた。

カーター大統領の時期には緩和政策がとられるが長くは続かず、1981年にレーガン政権が発足すると薬物厳罰化政策が復活し、一段と厳しい大麻規制がはじまった。

当時はクラックという麻薬が流通しはじめ、アメリカでは深刻な社会問題となっていた。アメリカはクラックの原料であるコカインやその他の薬物の流通経路を断つために、南米やアジア各国に介入していく。日本もこの動きに歩調を合わせ、国内での薬物や大麻の取り締まりが強化されていった。

一方、欧州ではこれとは異なる政策がとられるようになる。

オランダは、大麻を、ヘロインやコカインなどとは別のものとして扱う政策をとった。ヘロイン、コカインなどの麻薬は「ハードドラッグ」として、密売者には刑事罰を科す一方で、使用者は患者とみなして医療的なアプローチを施した。そして大麻は、「ソフトドラッグ」とし、原則的に使用者を犯罪者として扱わない「非犯罪化」の対応をしたのである。

この政策は、薬物の生産や流通に対しては厳しく取り締まるものの、使用者を一律に罰すると望ましくない副作用が生まれる、という考え方によるものであった。

ハードドラッグを使用した者が厳しく罰せられると、使用者はアンダーグラウンドに潜り、ドラッグを求めて犯罪に手を染める可能性が高まる。また、不衛生な場所での使用や注射器の回し打ちからは、エイズ（ＨＩＶ）や肝炎などの感染リスクが発生する。

しかし大麻は、身体的なダメージは軽微なため、そのようなリスクはほとんど発生しない。ハードドラッグと大麻の市場を分離することで、大麻使用者が麻薬へと移行することを防止したのだ。非犯罪化することで、社会的なダメージをなくし、使用者が社会から離脱することを抑止したのである。

オランダからはじまった大麻の非犯罪化政策は、その後、欧州各国に広がっていった。

大麻の「非犯罪化」とはなにか

大麻を「合法化」ではなく「非犯罪化」とした理由は、麻薬単一条約での規制にある。国際条約で大麻を規制している以上、加盟国はそれに反して合法化することはできない。しかし加盟国は、国の裁量によって運用を変えることができる。そのため、欧州各国は、規制はしているが、犯罪として積極的に行政処分を行わない「非犯罪化」という方法をとった。

欧米では、シェーファー委員会や1944年にニューヨーク市が発表したラガーディア委員会報告書などの、過去にアメリカで実施された調査報告や経験から、大麻による重篤な被害は起きないという考えを持つ人々も多かった。そのような社会的背景があったため、世論に後押しされて非犯罪化政策がとられていったのだ。

エイズによって知られた医療大麻

この動きと並行して、大麻の薬効が科学的にも解明されはじめた。その発端はエイズの世界的な流行だった。

エイズには、その治療の過程で、大麻が有効であることが経験的にわかってきたのである。患者たちは、化学療法や放射線治療による吐き気や食欲不振などを緩和させるために、大麻を使用しはじめた。

さらに大麻の薬効についての研究が進んだ結果、１９９０年代には、今までいわれていたような重篤な副作用がないことが、科学的に解明されてきた。そのため、心身への軽微な副作用よりも、犯罪化することによる社会的ダメージの方が重篤であるととらえる国や地域が現れたのだ。

アメリカではこのような考え方から、大麻の医療利用とともに、嗜好利用も非犯罪化する州が次々と現れ、州法を改正していった。そしてこの動きが世界に広がっていき、２０１３年にはウルグアイが、世界で初めて大麻の合法化に踏み切ったのである。

非犯罪化に大きく舵を切ったタイ

アジアは西洋に比べて、薬物に対しての規制が厳しい。植民地政策の中でアヘンなどが使われたことが原因だろう。そのため、大麻の規制緩和についてもアジア各国は慎重な姿勢をとっている。

そんな中、2022年6月9日に、タイが大胆な大麻規制緩和政策をとる。嗜好大麻を非犯罪化するとともに、全国の世帯に100万本の大麻の苗木を無料配布したのだ。さらに同日、大麻事犯で逮捕されていた4200人の囚人を釈放したのである。

この政策には、大麻を使った伝統医療や伝統食を復活させることで、コロナで落ち込んだ海外からの観光収入を立て直す狙いもあった。

THCを重量の0・2%以上含む大麻抽出物及び大麻製品（食品、栄養補助食品、化粧品などを含む）は麻薬に分類され、娯楽目的での使用は推奨されないが、大麻のすべての部分の所有、栽培、流通、消費、販売が合法化された。輸出入は依然として厳しく規制されるが、公共の場での喫煙や無免許販売以外はほとんど規制がなくなった。

筆者も2022年11月にタイを視察したが、すでにバンコク市内に夥（おびただ）しい数のディスペンサリー（大麻販売所）があった。ライセンスやパスポート提示の必要もなく、嗜好用の大麻をその場で入手することができた。しかし販売している大麻は高価であり、タイの一般国民が手軽に入手できるものではない。大麻を求めてやってくる外国人観光客に対して、よく思わない市民も存在した。

しかし、２０２３年９月に保守政権が誕生すると、嗜好目的の大麻使用に反対を表明する。11月の時点で、全国で６０００店以上のディスペンサリーがあったというが、２０２４年１月には、大麻の使用を医療と研究目的に限定し、娯楽用大麻の禁止を推進する新法案にタイ保健省が署名した。

タイの大麻政策は、試行錯誤しながら進んでいる。

世界の潮流に逆行する日本の大麻政策

覚せい剤を上回った大麻使用者

日本国内における２０１４年の覚せい剤の検挙者数は１万１１４８人であり、大麻の検挙者は１８１３人であった。それに対して２０２３年は、覚せい剤事犯が６０７３人、大麻事犯は６７０３人となり、大麻の検挙者数が初めて覚せい剤のそれを上回った。

この逆転現象について、薬物問題に詳しい依存症サポートグループ「木津川ダルク」の加藤武士代表は、覚せい剤使用者が高齢化して数が減り、また大麻規制が強化されたことが理由ではないかという。

当局は、今までのメインターゲットだった覚せい剤から、大麻への取り締まりを強化することで、存在価値を保とうとしているのではないかというのである。

大麻を厳罰化するリスク

このような状況の中、ブラックマーケットでは、大麻が主力の密売商品になりはじめている。他の薬物を密輸や密造するよりも、大麻の栽培は簡単である。設備投資は必要だろうが、栽培にかかる経費は安い。

現在ではSNSなどを使った密売が増えて

2023年、大麻事犯の検挙者数は過去最多を更新し、覚せい剤の検挙者数を上回った

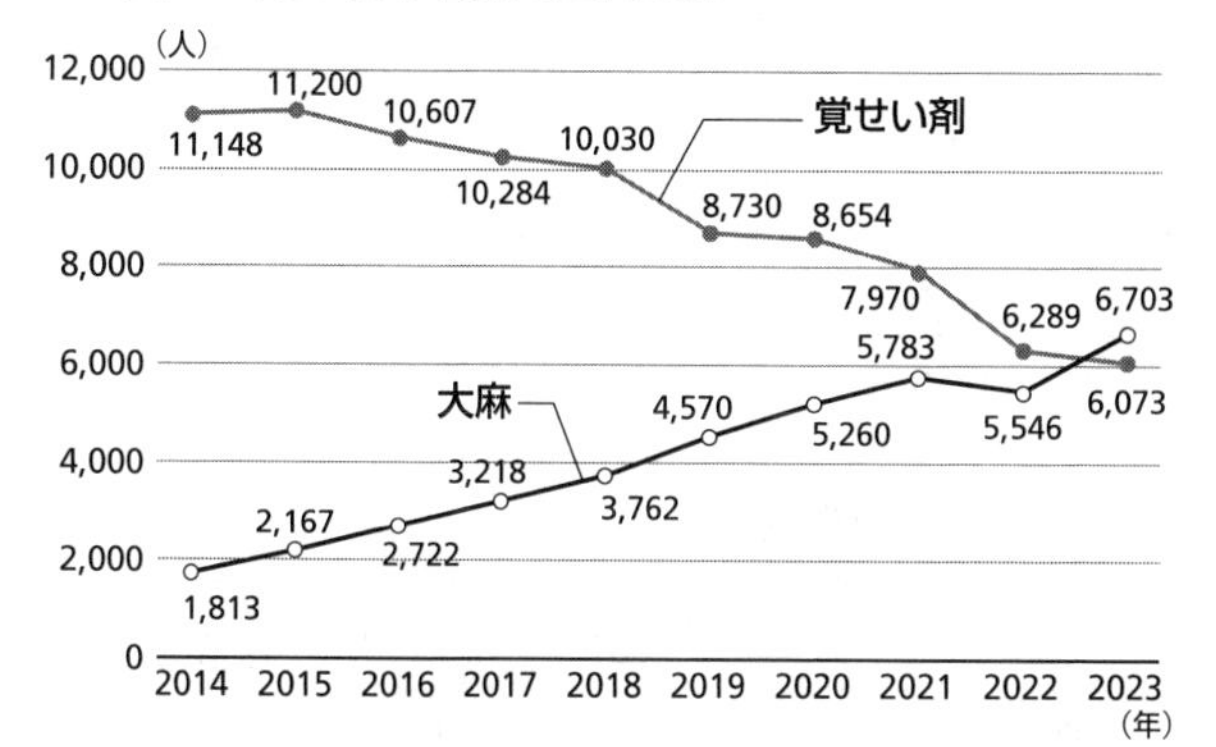

(資料「麻薬・覚せい剤乱用防止センター」ホームページより)

いる。さらに、密売ルートには大麻以外に覚せい剤やコカインなどのハードドラッグも含まれる。

密売者と複数回接触するうちに、大麻以外のハードドラッグを勧められるケースが多々ある。密売者は、大麻から徐々に依存性の高いハードドラッグに移行させるのだ。

大麻にヘロインや覚せい剤などを染みこませて密売するケースもある。大麻を厳しく規制することで、手口が巧妙化し、より危険な方向へと進んでいくケースが日本では顕著になっている。大麻を厳罰化した結果としては、とても皮肉なことだ。

ヘンプも麻薬として規制される「部位規制」

第一章でも触れたが、改正後も部位規制が残り、麻向法によって「大麻」が麻薬として規制されることになった。その中に含まれるTHCの有無には関係なく、花穂や葉の形をしたものすべてを対象にしている。そのため、第一種免許で栽培される低濃度THC品種であるヘンプの花穂も、麻薬指定されるということになる。

この矛盾に対して、伝統用や産業用のヘンプを栽培しようとしているひとたちは、強い危機感を持っている。

第一種免許は、ＴＨＣが低い品種に限られるために安全であり、免許の交付についてもハードルが低く、多くの農家が栽培できるために作られたはずである。

しかし、ヘンプ品種であっても、その「大麻」部分が麻薬として規制されるとしたら、第一種免許の交付を担当する各都道府県の薬務課は、容易に交付しなくなる可能性もある。地元の自治体などの理解を得るのも難しくなるかもしれない。

麻向法の問題点

麻向法とは麻薬及び向精神薬取締法の略称であるが、１９９０年までは麻薬取締法という名の法律だった。

麻薬や向精神薬の取り扱いに関する規制、免許や数量の記録義務、中毒者への医療措置などが定められており、国際的な協力の下で規制薬物に係る不正行為を防止するためにも重要な役割を果たしている。

向精神薬は、第1種から第3種までの3つのカテゴリーに分類されており、それぞれが「向精神薬に関する条約」という国際条約のカテゴリーに対応している。このカテゴリーは、医療価値と乱用の危険性の度合いによって分類されている。

一方の麻薬は、ヘロインやモルヒネ、コカインやメタンフェタミンなどが規制対象として登録されているが、これらを有害性によって分類するカテゴリーは存在しない。つまり、THCや「大麻」は、これらの麻薬とまったく同じ扱いになるのである。

大麻には致死量がなく、身体的依存はない。精神的依存の度合いもヘロインなどよりはるかに低いことが証明されている。また、国際条約の麻薬単一条約や、アメリカ連邦の規制物質法では、大麻やヘロインなどを有害性の度合いに応じてランク分けしている。

日本の麻向法も、国際条約を基準にランク分けをする必要があると筆者は考える。

薬物の有害性に対する考え方に一石を投じたナット論文

2010年にイギリスの医学雑誌「The Lancet」に発表された論文が、大きな議論を巻き起こした。精神薬理学と薬物政策の権威であるデイビッド・ナット博士による論文、「英国における薬物の害」がそれだ。

ナット博士は、薬物規制がしばしば政治的・感情的な判断に基づいて行われ、科学的根拠が軽視されている現状を批判していた。この論文は、その主張を裏付ける科学的データを示す目的で執筆された。

ナット博士は、アルコールやタバコを含む20種類の薬物の有害性について、使用者個人の健康だけではなく、犯罪や経済的損失、家族やコミュニティへの社会的な影響など、16の視点からスコア化し、薬物の総合的な有害性を示した。その結果、アルコールの有害性が最も高く、ヘロインがそれに続いた。大麻はタバコよりも有害性の低い8位という結果となった。

アルコールの有害性が最も高いという結果は多くの人々に衝撃を与え、従来の薬物規制が科学的根拠に基づいていない可能性を示唆するものとして議論を巻き起こした。

この研究結果は、国際NGOである「世界薬物政策委員会」のリポートをはじめ、各国の355本以上の論文に引用され、薬物政策を科学的に評価する動きに影響を与えている。

その一方でナット博士は、「エクスタシー（MDMA）や大麻は、政府が分類しているほど危険ではなく、特定の状況では乗馬での落馬などのほうがリスクは高い」という発言によって、2009年に、イギリスの薬物政策に科学的に助言する独立諮問機関「薬物乱用諮問委員会」の議長を解任されている。

いずれにせよこの論文は、政策決定者に対する科学的な提案としての役割を果たしている。

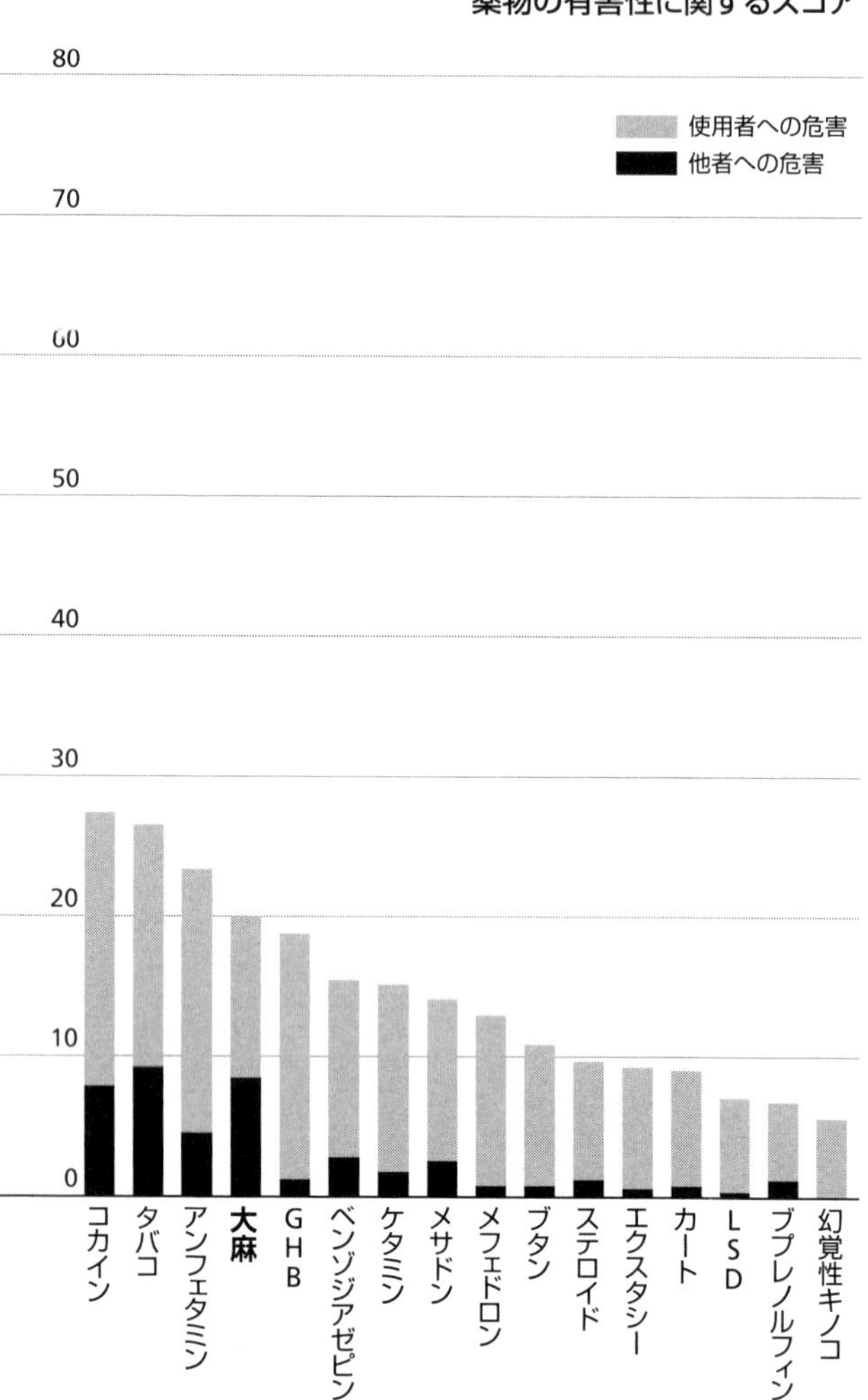

薬物の有害性に関するスコア
使用者への危害
他者への危害
80
70
60
50
40
30
20
10
0
コカイン
タバコ
アンフェタミン
大麻
GHB
ベンゾジアゼピン
ケタミン
メサドン
メフェドロン
ブタン
ステロイド
エクスタシー
カート
LSD
ブプレノルフィン
幻覚性キノコ

ナット博士が発表した、
使用者と他者への薬物の有害性

使用者への危害

致死性
致命的な過剰摂取のリスク(薬物特有)、過剰摂取以外の要因による寿命の短縮(薬物関連)

危害性
アルコール使用による肝硬変などの健康被害(薬物特有)や血液媒介ウイルスへの感染(薬物関連)

依存性
ネガティブな影響にもかかわらず使用を継続する傾向や衝動

精神機能への障害性
使用による精神機能の低下(薬物に特有)、または気分障害(薬物関連)

社会的損失
例えば、仕事、学業上のパフォーマンス低下、投獄

人間関係の損失

他者への危害

犯罪および傷害
薬物を入手するために犯罪を起こしたり、家庭内暴力や交通事故のリスクが高まること

環境および国際的な被害
使用済み注射針、製造に使用される化学物質の有害性、森林伐採、国際犯罪など

家族への悪影響
家庭崩壊、児童虐待など

地域社会および経済的なコスト
医療、刑務所、生産性の低下、社会の結束の低下、近隣の評判の低下

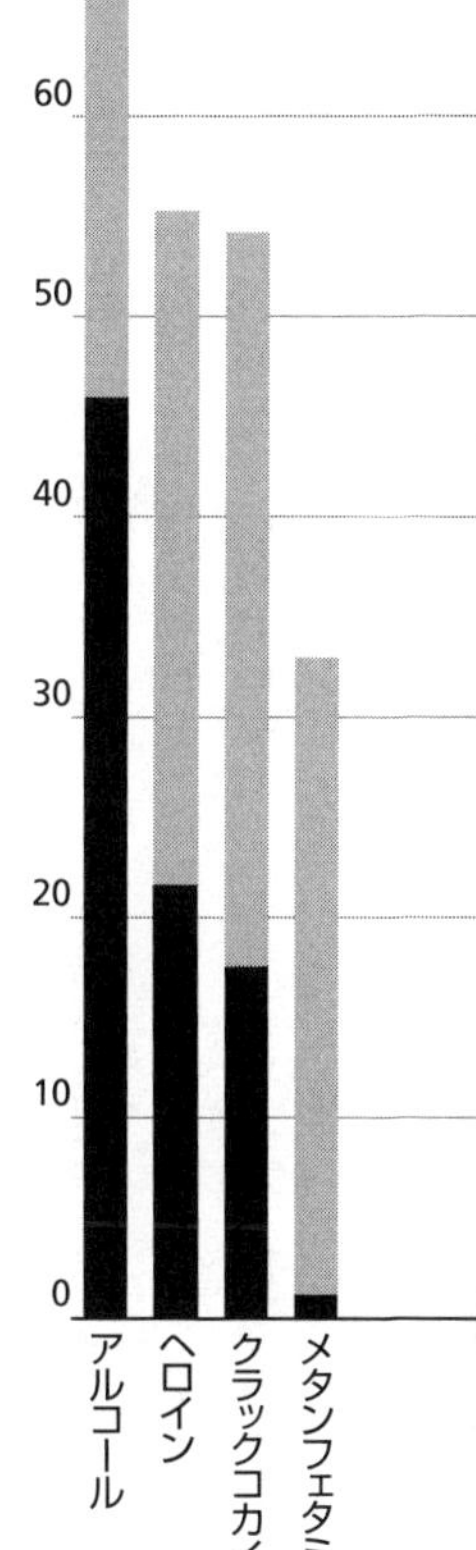

医学雑誌「The Lancet」に掲載された薬物比較研究。
グラフは使用者と他者へ与える危害性を表したもの
(資料の翻訳は筆者による)

実は、ナット論文は、大麻取締法改正案の議論の中でも国会で取り上げられた。

2023年11月30日の参議院厚生労働委員会で参考人質疑を行った丸山教授は、「この研究結果は、違法か合法かの分かれ目は必ずしも薬物の危険度が高いか低いかで分けられているのではないということを示唆している」と述べた。

また、科学的根拠によれば、より問題使用を減らすことができるのは、刑事罰ではなく教育と福祉と社会保障であるとも主張した。

一方、12月5日の同委員会で厚労省は、この論文は評価基準が適切かどうか専門家の間でも疑義が生じているとし、大麻が他の薬物に比べて有害性が低いとする論文の信憑性に疑いがあると主張した。

たしかにこの研究結果は、イギリス国内の社会情勢を加味して算出されているため、同じ調査を日本で行った場合は異なる結果になることが予想される。しかしグラフをみると、アルコールに比べて大麻の身体的な有害性は低い。もしも日本で大麻がアルコールよりも有害性が高いということであれば、その理由は社会への有害性が多くを占めていることになる。つまり、厳罰による反社会勢力への資金の流出や、逮捕による社会的な抹殺やコミュニティの崩壊によって、大麻の有害性が高まるということにはなるまいか。

今後の日本の大麻政策を考える時、社会に対する影響の科学的な検証を行う必要があるだろう。

なぜこのような罰則体系になったのか？

今回の法改正により、結果的には罰則が強化された。その理由は、大麻規制を大麻草栽培法と麻向法の2つの法律で行うことになったからにほかならない。

大麻草栽培法の第一条に、以下のように書かれている。

この法律は、大麻草の栽培の適正を図るために必要な規制を行うことにより、麻薬及び向精神薬取締法（昭和二十八年法律第十四号）と相まつて、大麻の濫用による保健衛生上の危害を防止し、もつて公共の福祉に寄与することを目的とする。

つまり、栽培については大麻草栽培法、ＴＨＣや「大麻」の所持と使用は麻向法、それぞれの罰則が適用されるということである。また、旧法の大麻取締法では、単純所持は5年以下の懲役刑だったのに対して、麻向法では所持・使用は7年以下の懲役が科せられる。

今回は使用罪も適用されるために、総合的にみると厳罰化されたということになる。

医療大麻の合法化と、ＴＨＣと「大麻」を麻薬として扱うのは、今回の法改正において表裏一体の措置だ。

全国の医師のほとんどが麻薬取扱免許を持っているため、大麻を麻薬として認定することで、医療の現場で使用しやすくなるというわけだ。

しかし、これが根本的な解決になったとは、残念ながら言いがたい。

そもそも大麻にはどのような有害性があるのか、日本では科学的な検証がされていない。アメリカ連邦政府は現在、大麻の有害性を、ステロイドや咳止め薬などと同じレベルに改正すべく、２段階下げる方針を打ち出している。各州法でも、大麻に対する量刑は、日本に比べて、はるかに低く設定されている。

乱用の恐れがあるとしても、その多くは大麻を取り巻く社会的な構造に問題がある。そこに注視しなければ、大麻の取り扱い方を見誤る恐れがある。

直ちに大麻の規制をすべて撤廃せよといっているわけではない。速やかに大麻の有害性を科学的に調査し、その有害性に見合った規制をすべきではないかと主張しているのだ。

さらにいうと、大麻所持・使用の懲役刑が厳罰化されるのであれば、法律の専門である法務省が主導して、この法律のあり方を再検討する必要があるのではないだろうか。

大麻の密輸が増加する理由

全国の税関が、空港や港湾等で摘発した大麻の押収量をみてみよう。

2021年は、大麻草約22kg（前年比56%減）だったのに対し、大麻成分を抽出した液状大麻（大麻リキッド）を含む大麻樹脂等が72%増の約132kgだった。

2022年には大麻草が約315kgと大幅に増加、大麻樹脂等は19%増の約157kg。2023年は、大麻草約74kg、大麻樹脂等は約68kgとなっており、増減を繰り返しているが、全体的に増加傾向にある。

特に、液状大麻や大麻成分を抽出したワックスと呼ばれる大麻樹脂の摘発が増加傾向にある。これらは、その形状から大麻草よりも持ち込みやすく、液状大麻は電子タバコのカートリッジに入れて容易に吸飲できる。そのため、大麻リキッドという名称で若者を中心に需要が高まっている。

密輸形態も、貨物ではなく旅客機による密輸が増えている。これは、液状大麻やワックスの押収量が増加していることも関係しているのだろう。

摘発量の増加には、海外の状況の変化による影響が大きい。2023年の仕出地別の摘発件数は、アメリカが32％、次いでタイが22％、カナダとベトナムが9％となり、アジア及び北米で約8割を占めた。

これらの国やアメリカの一部の州では、大麻の非犯罪化が進んでいるため、比較的簡単に大量の大麻や大麻樹脂を入手することができる。一部の日本人観光客が、私的に使用するために持ち込むことも増えているだろうが、暴力団や反社会的勢力が、覚せい剤などと同様に密輸するケースもこれからますます増加していくだろう。

日本の薬物政策と大麻

大麻所持の実名報道について

当初は関係者たちの努力により、医療大麻を難病患者たちに届けることが、法改正の大きな目的となっていた。しかし、医療のために合法化されることで、大麻の乱用が助長されることを恐れた厚労省と警察は、「大麻使用罪の創設」という言葉を大きくアピールしていった。そして、若者たちを「大麻汚染」から守ることを目的としているというメッセージを、マスコミなどを通して大きく喧伝したのだ。

　さらにこの間、多くの若者たちが大麻所持で逮捕され、マスコミは彼らを顔写真付きの実名報道でさらしていった。

　刑事法学の専門家で、弁護士としても多くの大麻裁判を手掛けている、石塚伸一龍谷大学名誉教授によると、これには問題があるという。

　実名報道は、社会にインパクトを与える。それによって、若者たちによる大麻事犯の発生を一時的に抑止する効果があるかもしれない。

　しかしその一方で、報道された個人のダメージは計り知れない。実名報道されたひとたちは、その後、社会的なスティグマ（偏見）により就学や就業が困難になるなど、コミュニティから排除される可能性が高まる。さらに、報道はインターネットで拡散され、その情報はネット上に残り続けることになるというのだ。

　例えば、殺人犯が犯罪を繰り返しながら逃亡している場合などは、注意喚起のために、実名や顔写真報道が必要かもしれない。しかし、大麻を個人使用して逮捕された若者たちを実名報道することに、何の意味があるのだろうか。発生した事件の内容を伝えるだけで十分ではないのだろうか。

日大アメフト部大麻事件

2023年8月、日本大学のアメリカンフットボール部の部員が大麻を所持していた疑いで逮捕された。ことの発端は、学生の保護者から大学への「部内に大麻が蔓延しているようだ」という通報だった。

内部調査の結果、学生寮から大麻が発見された。大学は、すぐには通報せずに大麻を保管した上で、数日後に知り合いの警察官に相談して逮捕につながった。

学生は、大麻とともに覚せい剤を含む他の薬物も所持していたため、大麻取締法、覚せい剤取締法、麻向法という3つの法律で起訴される可能性が出てきた。

覚せい剤取締法であれば懲役10年以下、麻向法であれば7年以下、大麻取締法であれば5年以下と、それぞれ量刑が異なる。

結果的には、本人は覚せい剤とは知らず事実誤認をしていたということで、覚せい剤取締法は適用されず、大麻取締法と麻向法の扱いとなり、執行猶予付きの判決が出た。

その後、さらに2人の逮捕者が出たが、それぞれ状況と判決が異なる。

1人は、九州の知人からSNSやスマホを通して大麻を購入したが、証拠としての大麻は出てこなかった。そのため彼は、麻薬特例法という法律によって逮捕された。

もう1人の学生は、知人から大麻を譲り受けており、金銭の授受はない。彼も2番目の学生同様に大麻は持っておらず、麻薬特例法で逮捕・起訴され、罰金刑に処された。

所持・使用していなくても逮捕を可能にする麻薬特例法の怖さ

この事件では、大麻取締法だけではなく、麻薬特例法も適用された点に注目が集まった。麻薬特例法は、1992年に施行された法律で、正式名称を「国際的な協力の下に規制薬物に係る不正行為を助長する行為等の防止を図るための麻薬及び向精神薬取締法等の特例等に関する法律」という。主に薬物の密輸などについて国際的な取り締まりを行い、さらにマネーロンダリングの防止も目的としているのだが、この運用にはいささか問題がある。

例えば、海外から送られてきた郵便物を税関が調べたところ、中から麻薬が発見されたとする。その時点で麻薬を押収し、警察が受取人を逮捕しようとしても、「そんな荷物は知らない」と否認されれば犯罪は成立しない。

そこで麻薬特例法の下で用いられるのが、コントロール・デリバリーという捜査方法だ。郵便物から麻薬を抜き取り、そのまま輸送した荷物を送付先の人物が麻薬と認識して受け取ったところで、所持罪で逮捕するのだ。いわゆる「泳がせ捜査」である。石塚名誉教授は、この捜査方法に問題があると指摘する。法律上は、捜査令状を取らなければ逮捕してはいけないからだ。

さらにこの場合、受け取った郵便物の麻薬は抜き取られている。つまり麻薬所持の事実がないのに、逮捕や立件を可能にしているということである。そもそも郵便物の中に麻薬が入っていたとしても、押収するためには令状が必要になるはずだ。

麻薬特例法は、国際的な麻薬組織を取り締まるための条約と足並みを揃えるために、例外中の例外として、国会の承認を得て成立した。その際には、コントロール・デリバリーのためだけに用いるという説明があり、さらに「警察権力の乱用には使用しない」という付帯決議も作られていた。

しかし時が経ち、現在では、警察は国内の大麻捜査において、大麻所持の証拠がなくても逮捕できるように、麻薬特例法を使いはじめたのである。

この傾向は、大麻使用罪が適用された後も続く可能性がある。

ネット上で大麻について伝えただけでも逮捕

同法律は、違法薬物の乱用を公然とあおったり、そそのかしたりすることで、薬物犯罪を助長することも犯罪だと定めている。

２０１９年には、YouTubeで大麻の情報を配信していた日本人男性が、麻薬特例法の「あおり・唆し」の疑いで逮捕された。彼が配信しているコンテンツの内容が問題視されてのことだった。男性はメキシコから日本に向けて配信していたが、帰国した際に逮捕されることになった。

彼は、大麻に関する海外の論文などを翻訳して、視聴者にわかりやすく解説していたのだが、それ以外にも、大麻の吸い方や文化についても配信していた。

逮捕された決定的な理由は、サイトで販売していたパイプに「大麻を吸うならこのパイプ」という文言を付していた点だった。それらの活動を、広島県警呉署サイバー犯罪対策課が問題視し、実家で過ごしているところを家宅捜索されたのだ。

男性が国内に大麻や違法薬物を持ち込んだことはなく、実家からも違法となるようなものは出てこなかったが、その場で逮捕されて広島県の呉署まで連行された。

取り調べは勾留期限ぎりぎりの20日間行われたが起訴するには至らず、だが署内で再逮捕されてさらに20日間の取り調べが続けられた。しかし結局は不起訴となり、釈放されたのである。

２０２０年には、ＬＩＮＥオープンチャットに大麻に関する書き込みを複数回行ったことで、チャットの主催者である男女２人が麻薬特例法違反（あおり・唆し）の疑いで逮捕された。

突然の逮捕から長時間の移送と取り調べ、そして勾留。逮捕直後には全国に実名報道されることになった。

逮捕から48時間以内に証拠不十分で釈放されたが、実名で報道されたことで、その後の生活に大きな支障をきたしたであろうことは明白である。

麻薬特例法の「あおり」とはなにか？

一般に「あおり行為」とは、文書や言動でひとの感情に強く訴えて、特に違法な行為を決意させるか、またはすでに生じている決意を強めさせるような行為をいう。

あおりの対象者がなにをしようとしているのかが問題となるが、特定の個人に犯罪をさせようとしているなら教唆罪であり、不特定多数の人になにかをさせようとする表現行為ならあおりとなる。しかし、その判断基準はかなり曖昧で、恣意的に運用される。

麻薬特例法で規制する行為とは、「大量の麻薬の密輸や販売につながるような行為や、広く大衆に麻薬犯罪を行うことを決意させるような、危険性のある表現行為」を指していると考えられる。

また厚労省のホームページによると、あおり・唆しとは、「薬物犯罪を実行すること」、あるいは「規制薬物を使用することの決意を生じさせるような、又は既に生じている決意を助長させるような刺激を与える行為」をさすとある。

例えば、集会に集まっているひとに対し、覚せい剤を使用する意思を生じさせるような演説を行い、その旨のビラを配布する、あるいはテレビ、ラジオ等を使って同様の演説をするなどの行為が考えられる。

この解釈の対象が、ＳＮＳやYouTubeなどにも拡大してきたということだ。

前述の、大麻に関するＬＩＮＥオープンチャットを主催していた男女があおり・唆しで逮捕されたのは、「公然」という要件、つまり不特定又は多数のひとが知ることができる状況で行ったということに当てはまったからだ。クローズドな少数の会合は「公然」に当たらない。そのため、個人同士のＬＩＮＥでやり取りしていたのなら、あおり・唆しにはならなかった。

しかし、逮捕・勾留が全国的に報道されたことで、当局は、初期の目的は達したのではないかと石塚名誉教授はみている。

２０２４年10月には、人気ラッパーの男性が、麻薬特例法違反（あおり・唆し）の容疑で逮捕された。この男性は大麻の所持はしておらず、自身のXに「タクシーの運転手にマリワナくさいって言われて通報されそうになったので、いくらタクシーであろうと梱包はちゃんとしたほうがいいです」と書き込んだだけで逮捕された。

麻薬特例法は、当初の運用を逸脱し、大麻の取り締まりに特化したものに変わりつつある。

大麻の厳罰化で若者を救うことができるのか

大麻事犯の厳罰化は、若者の大麻乱用の抑止につながると、厚労省や警察関係者はいう。しかしその一方で、一度の過ちによって未来を失う若者が存在する。彼らの犠牲によって、社会的な安全を担保しているともいえるだろう。しかし、本来法律とは、すべてのひとたちを救うことを目指しているはずだ。

大麻を厳罰化するだけで、今日本にある大麻問題が本当に解決するのだろうか。

繰り返しいうが、国は、大麻やＴＨＣの有害性がどれほどのものであるのかを、科学的に明確に示すことも、それを法廷で積極的に議論することも行ってこなかった。

大麻を厳罰化するのであれば、大麻がどれだけ公衆衛生に害を及ぼしているのかをしっかりと判断して、常に法律や運用方法を見直していく必要があるのではないだろうか。

第五章 大麻裁判実例と人権問題

大麻取締法最後の裁判「大藪大麻裁判」

事件の概要

大藪大麻裁判は、大麻取締法の下で行われた最後の法廷闘争である。

2021年8月。陶芸家の大藪龍二郎氏が大麻取締法違反で群馬県警に逮捕された。大藪氏は、縄文土器と同じ手法を使って現代作品を創る陶芸家であり、縄文実験考古学者でもある。

縄文土器を作るためには、「縄文原体」という短い縄を使用する。大藪氏は長年の研究の末、縄文原体の多くは大麻繊維でできていたのではないかという考えに至った。それまでには、さまざまな植物の繊維や、時にはビニール素材も試してみたが、大麻繊維は粘土が絡みつくことも少なく、水に強く、耐久性もあるという。

その証拠はまだ発見されていないが、よりよい素材を探し出そうとする行為は、縄文人も現代人も変わらないだろう。縄文時代が1万年も続いたのであればなおさらだと、大藪氏はいう。以来、大麻繊維で自ら作った縄文原体を用いて、作品を創っている。

大藪氏は、イギリスで創作活動を行っていた時期に大麻を経験した。アーティストが集まる共同スタジオの喫煙所でタバコを吸っていると、「それは身体に悪いよ」といいながら、大麻のジョイントを回してくれるひとたちがいつもいた。それが日常だった。

大麻は悪くない。創造力もわいてくる。酒が飲めない大藪氏にとっては、大麻でリラックスする時間は大切なものだった。特に、彼の持病であるパニック障害に対して効果的だった。

大藪氏は、日本国内の陶芸イベントのワークショップに出演する際、前日まで準備に追われ、ほとんど寝ていない状態で初日を迎えた。ワークショップを終え、その夜に車でホテルへ向かう途中、運転には危険なほどの睡魔に襲われた。そのため、やむなく車道の登坂車線の路肩に停車し仮眠をとった。

ぐっすりと寝てしまった大藪氏は、警察官の呼びかけで目を覚ました。

その後、職務質問の末、車内から乾燥大麻約3グラムが発見され、その場で現行犯逮捕されたのである。

大藪氏の主張

大藪氏は、大麻の有効性を実感していた。海外での経験や情勢からも、懲役に値するような社会的な害は感じられず、むしろ、自身の体調を調整するために必要なものだった。

さらに、この植物の繊維で縄文原体を作っている。大麻草を否定することは、自らの創作活動を否定することに等しい。そのため彼は法廷で徹底的に争うことを決めた。

法を犯したことに対しては非を認めた。しかし、法律自体が納得できない。なぜそれによって身柄を拘束されなければいけないのか。それが明確に理解できなければ、自分にかけられた罪について、認めるわけにはいかない。

裁判の冒頭で大藪氏はそのように述べて、自身の罪状について認否を保留にした。

裁判には、支援者とともに、2人の弁護士がついた。50年以上、大麻裁判の弁護をし続けてきた丸井英弘弁護士と、そして石塚名誉教授であった。

石塚名誉教授は、和歌山カレー事件などの裁判の弁護人でもある。

弁護団の主張は以下の通りだった。

①大麻の有害性を明らかにせよ

②大麻取締法は違憲である
③捜査過程の違法性について
（ア）現行犯逮捕から、押収までの令状主義を潜脱するような違法手続き。
（イ）表現者に対する偏見、レイシャル・プロファイリング（注：警察官などの法の執行者が、特定の人種や肌の色、民族、宗教、国籍、言語といった属性にもとづいて、差別的に、個人を捜査対象とすること）。
④証拠を特定する検査方法について

日本の大麻裁判では、弁護側の証拠はほぼ採用されない

大麻の研究は、カンナビノイドが作用するシステムが解明されはじめた１９９０年代以降に急速に進み、現在では各国で大麻の有害性の見直しが進んでいることはすでに書いた。

２０２４年5月。アメリカの司法省麻薬取締局（ＤＥＡ）が、大麻の規制を緩和する方針を明らかにした。現在、大麻は、連邦法でヘロインやＬＳＤと同じスケジュール１に分類されているが、ＤＥＡはこれを依存の可能性が低いとされるスケジュール３に変更する方針だ。この変更が実行されれば、アメリカの麻薬政策としては過去50年で最大の転換と

なる。

そのような世界の潮流も踏まえて、弁護団は、有害性の根拠を示すよう検察側に再三にわたって要求した。

さらに、大麻の有用性についても弁護団は主張し、49の証拠と、8名の証人を請求したが、検察はすべて不同意とし、裁判官は情状証拠など2つを採用したのみで、それ以外はすべて却下した。

弁護側は検察に対し、懲役という重い刑を科す以上は、大麻の有害性について明らかにすべきであると要求した。しかし、検察側と裁判所は一切これに応じなかった。

証拠が採用されない以上は、証拠をもとにした議論をすることができない。

実は、同様のことが、他のほぼすべての大麻裁判で起きている。そして、ベルトコンベアーに載せられたように、機械的に処理されていくのである。

多くの大麻裁判で、被告は素直に罪を認めて裁判所の判断に従う。大藪氏のような徹底抗戦の姿勢で臨むひとは、ほとんどいない。それはなぜなのか。

大麻事件は、覚せい剤の場合と比べて量刑が軽いことが、理由の一つだと石塚名誉教授はいう。さらに、大麻取締法違反では、単純な所持で初犯の場合は、ほとんど執行猶予がつく。そのため被告人は、執行猶予判決をもらうために、争わず素直に罪を認め裁判を早く終わらせようとする傾向がある。

争ったとしても、大藪氏の裁判のように、主張が認められることはほとんどなく終わる。

１９８０年代に入ってからこの傾向が強くなり、ほとんどの大麻裁判では、本格的な審議が行われずに現在に至っている。

捜査過程の違法性について

大藪大麻裁判では、小さな疑問点もつぶさに検証し、争点にしていく弁護方針で進められた。

例えば、職務質問についてである。

弁護団は、この職務質問が適正に行われたかを確認するために、現場で対応をした警察官を証人として要求した。

もしも適正な手続きが行われずに、警察官が証拠を得た場合は、「違法収集証拠」として、たとえ大麻が発見されていても証拠として採用されず、無罪となる。これは、大麻に限らず、すべての事案に当てはまる。

職務質問は、警察官職務執行法第二条に定められている範囲で行う必要がある。

警察官職務執行法第二条
警察官は、異常な挙動その他周囲の事情から合理的に判断して何らかの犯罪を犯し、若しくは犯そうとしていると疑うに足りる相当な理由のある者又は既に行われた犯罪について、若しくは犯罪が行われようとしていることについて知つていると認められる者を停止させて質問することができる。

警察官は、明らかに犯罪を行っていたり、起こそうとしている者に対して、停止させて質問ができるということである。他人の家に侵入するために塀を乗り越えているとか、刃物などの危険物を持ち歩いている場合などが、それに該当するだろう。
大藪氏の場合は、路上に駐車していることを不審に感じたという一般人の通報によって職務質問が行われた。
証言によると、運転席のドアが全開になっており、車体にキズがあったため、無免許か飲酒運転の疑いがあるとの判断から行ったという。しかし、実際には運転席のドアは閉まっており、キズも明らかに古く、以前にできたものである。

この時点では、道路交通法違反の疑いで警察官は声をかけた。大藪氏は、寝ていたところを起こされたが、職務質問に素直に応じ、免許証を提示した。免許証を無線で照会したところ、大藪氏に「前歴」があることがわかった。以前に友人の大麻事件の参考人として任意で出頭し、取り調べを受けたことがあり、その結果、起訴猶予となっていたのである。このことは本人に通達されておらず、自身に前歴があることも大藪氏は知らなかった。

この時点で、警察は、道交法違反の疑いから、大麻取締法違反の疑いに切り替えた。

さらに、その時の大藪氏が、目がうつろであり、顔色が悪く、ラテン系の服装をしていたことで、大麻所持の疑いを持ったと警察官は証言している。

本人はもともとやせ型であり、頬もこけている。目がうつろだったというのも、突然窓ガラスをたたく警察官に戸惑い、寝ぼけていたなら自然なことだろう。また大藪氏は、警察官が供述しているようなラテン系の服は着ていなかった。

大藪氏は警察官に従い、素直に免許証を提示したが、警察官はこれらの特徴に着目して、「車内に所持規制品を隠匿している」と感じたと証言している。

確かに大藪氏は、その後の捜査で乾燥大麻の所持が発覚して逮捕されたし、もちろん街中で行われている職務質問のすべてが違法ではない。職務質問をすることで、犯罪を未然に防いでいるケースもあり、事件発生の抑止になっていることも事実である。

しかし、「逮捕したのだからそれでよし」ではなく、職務質問は法に則った方法で行われるべきである。そのためにも弁護団は、職務質問から逮捕に至る経緯について、あえて詳細に検証しようと試みたのである。

科捜研による鑑定方法の問題点

警察と検察は、押収証拠が「大麻」であることを、科学的に証明する必要がある。そのため、ＴＨＣが検出されるかについて、現場で簡易検査を行う。その後、押収した大麻を科学捜査研究所（科捜研）に送り、さらに詳しく鑑定する。

弁護団は、この鑑定が適正に行われたのかを検証するため、科捜研の鑑定人の証人喚問を検察側に要求した。さらに、証言内容についての問題点の指摘を、立命館大学衣笠総合研究機構の上席研究員である平岡義博氏に依頼した。

平岡氏は、和歌山カレー事件で犯行に使われたとする、ヒ素鑑定についての調査を行った人物だ。京都府警察本部科学捜査研究所に在籍中に理学博士の学位を取得し、退官後は龍谷大学や立命館大学などで教授を務めている。

平岡氏の見解は意見書として提出され、弁護側が提出した多くの証拠の中で、大藪氏の芸術活動と大麻経験が書かれた陳述書とともに、証拠として採用された。

平岡氏は意見書の中で、大藪氏を逮捕した群馬県警の科捜研と京都府警科捜研の鑑定方法を比較して、いくつかの疑問点や問題点を指摘し、以下のように結論付けた。

「群馬県警科捜研は、鑑定書にグラフや写真を添付せず、開示請求をして初めて提出するシステムであるが、これらの資料は鑑定結果の正当性や検証可能性を保証するのに不可欠であり、事実認定者や第三者の判断に不可欠なものであるので、科学界での論文審査と同様に添付すべきと考える」

「開示請求されて初めて提出されたことをみれば、鑑定書に添付されていなかったということである。京都府警科捜研では、これらのグラフや写真はすべて鑑定書に添付していたが、群馬県警科捜研で添付しないのであれば、鑑定職員は科学者または技術者として、その理由を述べる説明責任がある」

「群馬県警科捜研の滑川鑑定は、鑑定資料の管理の連鎖（Chain of Custody）を確保する措置が取られておらず、証拠資料としての真正性に疑問を生じさせる余地がある」

科捜研の鑑定方法は、各県警によって手順が異なるようであり、少なくとも群馬県警科捜研の大麻の鑑定方法には、疑問を生じさせる余地があると指摘している。

大藪大麻裁判は、約2年半で12回の公判が開かれ、2024年6月、懲役6月、執行猶予3年の判決が下された。

しかしこの裁判でも、大麻の有害性についての本格的な議論は行われず、証拠採用された平岡氏の意見書についても、判決文の中では触れられていなかった。

今回の法改正によって、有害性について問われ続けてきた「大麻」は麻向法によって規制されることになり、今後はモルヒネと同様に麻薬として扱われる。しかし、同時に医療利用も可能になる。そうなると、大麻の有害性と有益性について、検証する必要が出てくる。

今後、国は速やかに大麻の毒性を明らかにするとともに、麻向法自体も、国際条約やアメリカの規制物質法と同様に、危険度別に分類する必要があるだろう。

大藪氏は即日控訴し、2024年11月現在、高等裁判所での第二審の準備を進めている。

人権と大麻

世界の薬物政策と人権問題

昨今は、大麻やドラッグの問題を、人権問題としてとらえる見方が主流になっている。

刑事司法と薬物問題に詳しく、大麻取締法改正の審議が行われた2023年の参議院厚生労働委員会でも参考人として意見を述べた立正大学の丸山泰弘教授によると、国連などでいわれている大麻についての人権問題と日本におけるそれとは、少し意味合いが違うという。

海外の人権問題は、基本的には貧困者やマイノリティ、そしてジェンダー的な社会的弱者が、刑事司法に巻き込まれることによって起きる。

例えば、世界中で女性受刑者の多くが薬物事犯で収監されているというが、本人の問題ではなく薬物絡みの事件に巻き込まれたことが収監の理由である場合も多い。あるいは、人種差別や貧困者差別が発端となって、違法な検挙が行われることもある。前述のレイシャル・プロファイリングが最たる例だ。

このような状況を利用して、マイノリティを排斥しようとする社会的な圧力も存在する。

アメリカは20世紀初頭から、「外国移民は危険な麻薬を乱用し、白人社会に害を及ぼしている」とプロパガンダを行い、ドラッグ問題を民族差別に利用してきた。同様のことが、今でも世界中で起きており、国際社会はこれを薬物による人権問題ととらえているのだ。

終戦直後の大麻取締法の成立と黒人差別

日本国内における大麻に関する人権問題の主張の多くは、「大麻取締法は悪法である」や、「自己治療目的で所持していたのに処罰するのは憲法違反であり人権問題である」というものだ。これは、日本の大麻取締法の成り立ちや、今日までの経緯に起因している。

大麻取締法は戦後、GHQ（つまりアメリカ）の占領政策の中で制定された法律である。

そのため、大麻の有害性について日本では検証を行っておらず、改正前の大麻取締法には、その立法目的すら明記されていなかった。

内閣法制局長官であった林修三氏は、次のように述べている。


「大麻草といえば、わが国では戦前から麻繊維をとるために栽培されていたもので、これが麻薬の原料になるなどということは少なくとも一般には知られていなかったようである。したがって、終戦後、わが国が占領下に置かれている当時、占領軍当局の指示で、大麻の栽培を制限するための法律を作れといわれたとき、私どもは、正直のところ異様な感じを受けたのである。先方は、黒人の兵隊などが大麻から作った麻薬を好むので、ということであったが、私どもは、なにかのまちがいではないかとすら思ったものである。

（中略）

しかし、占領中のことであるから、そういう疑問や反対がとおるわけもなく、まず、ポツダム命令として、『大麻取締規則』（昭和22年厚生省・農林省令第1号）が制定され、次いで、昭和23年に、国会の議決を経た法律として大麻取締法が制定公布された。

（後略）」

（林修三「大麻取締法と法令整理」より引用『時の法令』［1965年4月 雅粒社・編］所収）

林氏は、アメリカの黒人兵が大麻を乱用する可能性があるから規制する、という趣旨の話をGHQから聞いたといっている。

戦前の日本には、タバコの代用として大麻を喫煙したり、その花穂を食べたりすることはあったが、マリファナ文化はなかった。むしろ大麻は、生活に欠かせない大切な植物であると同時に、信仰の対象を奉る神聖な植物でもあったのだ。

そんな大切な植物を、「黒人の兵隊などが大麻から作った麻薬を好むので規制せよ」というのは、いくら占領軍の命令だとしても、到底受け入れられない心情だったのではないだろうか。政治家や役人たちは大麻を農作物として扱えるように画策していった。

大麻取締法の成立の過程には、科学的な根拠よりも人種差別や自国の論理を優先した支配側であるアメリカと、支配されながらも大切な生活を守ろうとする日本の人々とのせめぎ合いがあった。だからこそ、大麻取締法は矛盾をはらんだ歪(いびつ)な建て付けのまま、長い間放置されていたのではないだろうか。

大麻裁判の先駆け「芥川裁判」

大麻解禁運動の幕開け

1970年代になると、ヒッピー文化の影響により、大麻を使用する若者が現れた。それに伴い、大麻に対する薬物としての規制が次第に強化されていった。

しかし、日本のヒッピーやアーティストたちは、アメリカやヨーロッパでは大麻はソフトドラッグとして認識されていることを理解していたため、警察や司法の一方的な取り締まりに強い反発を示したのである。

１９７７年、京都の芸術家の芥川耿(こう)氏は、自宅で栽培した大麻を吸引して逮捕され、大麻草37本が押収された。

この裁判において芥川氏は「大麻取締法は憲法違反である」と訴え、法廷闘争へと発展した。マスコミや市民運動家などを巻き込んだこの裁判は、日本における大麻解禁運動のはじまりといっていいだろう。

芥川氏は、以下の理由で無罪を主張した。

①すべての国民には、他人に迷惑をかけない限り幸福を追求する権利があり、有害でない大麻を少量所持したり、自己使用のため栽培するのを罰するのは、憲法13条（個人の尊重）、31条（残虐な刑罰の禁止）に反する。

②大麻より有害な酒やたばこ、し好品が個人の自由使用に任されたり、スモンなど有害な薬物が野放しになっているのに、大麻だけ取り締まるのは憲法14条（法の下に

平等）に反する。

③大麻取締法は、米占領軍の要請で大麻の成分、作用不明のまま立法化、麻薬取締法と並行して罰則を強化しており、罰金刑がなく懲役刑だけで、あまりにもあいまい残虐なる法である。

また、本件の大麻草からは麻酔成分が検出されなかった。という鑑定結果があり、大麻取締法でいう〝大麻〟ではなかったので、無罪を主張する。

（マリファナ・ナウ編集会・編『マリファナ・ナウ』第三書館より引用）

この主張は、それ以降の日本における「大麻取締法は違憲であり人権問題である」という考え方のベースとなる。

押収された大麻草からはＴＨＣが検出されなかった。その後の再検査ではＴＨＣが検出されたが、ＴＨＣが検出されていない時点で逮捕された点も注目された。そのため、「大麻とはなにか？」という論争が、マスコミや大学での討論会など法廷外でも活発に行われた。

京都地裁で行われたこの裁判には、ホリスティック医学の権威であるアンドルー・ワイル博士が証言台に立ち、大麻の有害性の低さと有用性について述べた。

また、学生や文化人による討論会も行われ、野坂昭如や喜納昌吉、山本コウタローなども参加した。

一方で、芥川氏が逮捕された1977年には、多くの大物歌手が逮捕されている。

8月にジョー山中、9月に井上陽水、内田裕也、研ナオコ、内藤やす子、桑名正博、10月に錦野旦（当時はにしきのあきら）、美川憲一、11月に上田正樹と、半年足らずの間に次々と大麻取締法違反などで検挙されていったのである。

この騒動は、ワイドショーや新聞、週刊誌などで連日報道された。

毎日新聞は同年9月の紙面で、大麻を擁護する記事を掲載。他紙がそれに反論する記事を掲載するなどの論争にも発展していった。

毎日新聞の記事を抜粋してみよう。

たかが大麻で目クジラ立てて…　関　元（毎日新聞編集委員）

マリファナ（大麻）で挙げられた井上陽水は警察にとって金星か、マスコミにとって堕ちた天使か、ファンにとって殉教者か。彼がそれらのいずれにもならぬことを願いたい。いまどき有名スターがマリファナで捕まって全国的なスキャンダルになるのは世界広しといえども日本ぐらいのものだ。たかがマリファナぐらいで目くじら立てて、その犯人を刑務所にやるような法律は早く改めたほうがいい。（後略）

（1977年9月14日毎日新聞「記者の目」より抜粋）

これらの騒動によって、今まで存在しなかった新たな薬物問題「マリファナ」が、日本社会で広く認知された。しかしマリファナ＝大麻であることを、多くの日本人は知らなかったのである。

一時的な精神失調が大麻の有害性だとする国の主張

芥川裁判で争点の一つになったのは、大麻の有害性についてである。

この点について検察側は、「法律のひろば」（1972年8月号）に掲載された九州大学薬学部の植木昭和教授による「大麻の有害性について」という記事を証拠として提出した。

この中で植木教授は、大麻にはモルヒネ系麻薬のような強い身体的依存はなく、またタバコや覚せい剤のような依存性もないとしている。しかし、幻覚剤や大麻には、麻薬とは本質的に異なる害があると述べている。

抜粋してみよう。

「幻覚剤というものは、前述のように、一時的にせよ、精神異常を誘発する薬である。幻覚というのは、そのごく一部の症状にすぎないのである。精神異常者がぶらぶらしている街は、危険がいっぱいであろう」

つまり、大麻を使用すると精神失調をきたし街を徘徊する者が増える恐れがある。これが公衆衛生上の害になるというのだ。

大麻の変性意識は、主にＴＨＣによるものである。そしてこれにより幻覚がみえたり、精神失調を誘発したりすると植木教授は主張している。

大麻でねずみが凶暴になる？

植木教授はさらに、マウスとラットを使った動物実験の結果を紹介している。

その中では、致死量の数百分の一の大麻成分を投与したマウスが、カタレプシーという症状になったという。カタレプシーとは、自分の意思で姿勢を変えることができず、他者に動かされるままになり、長時間同じ姿勢を保ち続ける状態のことをいう。

さらには、差し出した棒に激しく噛みついたり、他のマウスを噛み殺したりするケースがみられたことも紹介している。

植木教授は、これはあくまでも動物実験の結果であり、人間にどのような作用があるかはわからないとしつつも、大麻が脳にどのような影響を与えているか、現象の発現機序が不明確であり、これらの実験でのマウスの症状が人間ではなにを意味するかわからないうちは、大麻を甘くみるのは危険だとしている。

確かに1972年の段階では、カンナビノイド受容体も発見されておらず、研究も十分に進んでいなかったので、これは当然の意見である。

さらに1978年、日本薬学会の機関誌「ファルマシア」の座談会で植木教授は、THCについて真剣に取り組んだ研究や臨床的実験が日本では行われておらず、現段階ではその問題を軽々しく議論するべきではないと述べている。

その一方で、公衆衛生に対する有害性については以下のように発言している。

「たとえ、人間ではそんなこわい害（大麻による異常行動）はないにしても、大麻は仕事に対する集中力も根気もなくさせ、怠惰な官能追求的な生活に導く傾向にあることはたしかである。そして、現実世界から逃避して、非現実的な好奇だけを追いかけるような生活態度に若者たちを陥らせたくないと思う」

つまり、カタレプシーや凶暴化が人間に起こることはないとしても、本当の大麻の有害性とは、若者たちが怠惰で官能追求的になってしまうことであるというのだ。

高度成長時代の日本社会では、このような生活態度には否定的な風潮が強かっただろう。しかし、ある一方的な価値観や倫理観に沿わない行動に、逮捕されるほどの有害性があるかというと強い疑問を抱かざるをえない。

芥川裁判の弁護人を務めた丸井英弘弁護士によると、検察が提出した植木教授の記事にあるマウスのカタレプシーと凶暴化の実験は、大量のＴＨＣを投与したり、密集した状況でストレスを与えたりした研究だったため、その結果には疑問が残るという。

さらに丸井弁護士は、検察側は植木教授の「ヒトへの影響については不明」という意見には触れずに、凶暴化とカタレプシーが起きるかもしれないという部分を強調し、歪曲化して主張したと述べている。

最高裁判決「大麻の有害性は公知の事実」とその根拠

１９７７年から１９８０年まで続いた芥川裁判では、「大麻とはなにか？」「大麻の有害性とはどのようなものか？」の2点が争点だった。しかし検察側は、科学的に有力な証拠を示すことができなかった。そして、弁護側が証人申請したワイル博士だけが、具体的な有害性として、最悪の場合は寝てしまうことや自動車運転に支障をきたすことなどをあげた。

１９８０年代に入ると、アメリカによる薬物規制が激しくなり、日本もそれに追従していく。そんな中、エイズパニックが発生する。長い間、治療方法が確立しない中、エイズが大流行していたサンフランシスコの住人たちは、経験的に大麻がエイズ治療に有効であることを知り、医療としての可能性を見出した。しかし、日本では相変わらずそのような情報がマスコミに取り上げられることはほとんどなかった。

インターネットもスマホもない時代である。ほとんどの日本人は、大麻についての知識を持っていなかった。ちなみに80年代の大麻取締法違反の検挙者数は１５００人前後だった。

そんな中、１９８５年に最高裁は「大麻の有害性は公知の事実である」という判決を出したのである。

丸井弁護士によると、この判決のいう有害性の根拠は、芥川裁判で出された「植木記事」、「マリファナに関する全米委員会（シェーファー委員会）の第一、二報告書」「アンドルー・ワイル証言」だけであるという。

マリファナに関する全米委員会（シェーファー委員会）はニクソン大統領の指示によって組織された大麻の有害性についての大規模で本格的な調査団体だ（138〜140ページ参照）。

この報告書では、大麻使用時の自動車運転などの作業の危険性を指摘している箇所があるものの、「大麻は社会に広範な危険を引き起こしていない」と結論付けている。

マウスに対するTHC効果の実験結果については、植木教授が、「この結果はそのままヒトには当てはまらない」とし、ワイル博士も、大麻ではまったく存在しないものがみえるなどすることはなく、致死量がない安全な薬草であると証言している。

証拠の中の有害性の部分を歪曲化して解釈することで、最高裁は「大麻の有害性は公知の事実である」と結論付けたのだと、丸井弁護士は主張している。

この最高裁判決以降の大麻裁判では、大麻の有害性についての議論は一切行われていない。多くの場合、弁護側の証拠や証人をほとんど認めず、検察側は有害性についての科学的な根拠も示さず、この判決だけを根拠に有罪判決が下されている。

大麻合法化を訴える活動家たちは、このような司法や警察のやり方に対して、人権侵害であると訴え続けているのである。

大麻取締法が作られた過程の書類がない

1986年に長野地方裁判所伊那支部で行われた大麻取締法違反裁判において、当時の厚生省麻薬課長が証言台に立った。麻薬課長が大麻について証人となったのは、後にも先にもこの裁判が唯一である。公的記録として貴重な証言記録なので、抜粋しながら、どのような内容だったかを紹介してみたい。

長野地方裁判所伊那支部　大麻取締法違反裁判
昭和61年9月10日　証人　厚生省麻薬課長　弁護人　丸井英弘

弁護人　ところで、昭和23年に現行法が出来たわけですが、これは具体的にはどういうようないきさつから立法されたんでしょうか。

証人　ポツダム省令というものをうけ、22年に大麻取締規則というものが出来たわけですが、当時そういった法律を更に整備していくという過程の中で、法律化されたのではないかというふうに思うんでございますが、実はその規則ができまして、それが更に法律に形を整えられていったという過程の記録等につきまして、私今回かなりいろいろ課の者達に手伝ってもらいまして捜してみたんですが、その間の経過は記録文書上かならずしもはっきり御説明できるものが見当たりませんでした。

（中略）

弁護人　昭和20年から23年当時ですけれども日本国内で大麻の使用が国民の保健衛生上問題になるというような社会状況はあったんでしょうか。

証人　20年代の始め頃の時代におきまして大麻の乱用があったということは私はないんではないかというふうに思います。

弁護人　そうしますと、この大麻取締法を制定する際に、大麻の使用によって具体的にどのような保健衛生上の害が生じるのか、ということをわが国政府が独自に調査したとかそういうような資料はないままに立法されたと考えて宜しいわけですか。

証人　これは推定するほかないんでございますが、そういう資料はなかったんではないかと。

この証言をみると、大麻取締法の成立過程について明確な記録は存在せず、わからないとはっきり答えている。

1945年8月に終戦を迎えたわずか2カ月後の10月に、大麻栽培と輸出入を全面的に禁止せよと、GHQは日本政府に対し、強く指令した。

日本政府は、日本人の生活に根付いた大麻産業を何とか残そうと、あの手この手で対応しようとする。そして1947年に、大麻取締法の前身である大麻取締規則が制定され、医療利用は禁止したが、繊維や種の利用などについては何とか規制を免れた。

戦後の混乱の中、新憲法をはじめ、多くの法律が成立した時期である。その状況下で、大麻の有害性について科学的に調査することなど不可能だっただろう。しかし現在までには、法律を見直す機会は何度かあったはずだ。

戦後の日本は、アメリカの政策に追従を続けながら現在まで来てしまった。

日本は今こそ、大麻の有害性にもとづく規制のあり方を、しっかりと検証した上で判断し、行動する必要があるだろう。

違法薬物の非犯罪化を「緊急の課題」とする声明を国連が発表

２０２３年、国連人権高等弁務官事務所（ＯＨＣＨＲ）は、長らく行われている薬物厳罰政策を直ちに終結させて、違法薬物使用者たちの人権を守ることが緊急の課題であるという声明を発表した。違法薬物の中には、大麻も含まれている。

国連は、世界の薬物問題の根底には女性や子ども、移民たちへの差別や搾取の問題があり、厳罰による薬物規制は健康と福祉の促進につながらないだけではなく、刑罰によるアプローチが組織的な人権侵害を生み出していると警告している。

従来の薬物政策は、使用者を厳罰化によって社会から隔離し、排除することに重点を置いており、薬物使用者や公衆衛生に対しての根本的な解決には至らないということだ。

この考え方は、薬物問題を研究してきた日本の学者や支援団体などが、長らく訴え続けてきたことである。

厳罰主義を堅持してきた国連のこの声明は、世界の薬物政策を転換させる大きなきっかけになるだろう。

大麻の危険度を咳止めシロップと同等の分類に変更

大麻に対しての厳罰政策を進めてきたアメリカ連邦政府にも変化がみえてきた。

２０２４年11月現在、嗜好大麻は23州とワシントン特別区で、医療大麻は39州で認められている。しかし連邦法では、薬物全般を規制する「規制物質法（ＣＳＡ）」によって、大麻はまだ厳しく規制されている。

アメリカ連邦政府は、大麻を含む薬物政策の厳罰化を強く推進してきた。しかし、大麻の安全性や有用性が科学的に解明されたことで、州法レベルではほとんど合法化されているのだ。このような動きに合わせ、アメリカ連邦政府も、大麻に対する法改正の準備を行ってきた。

２０２２年10月、バイデン大統領は声明の中で、保健福祉省（ＨＨＳ）長官と司法長官に、マリファナ（大麻）のスケジュール（規制レベル）について迅速に見直すための行政手続きを開始することを要請したと発表した。バイデン大統領は、連邦法の下で大麻の単純使用により有罪判決を受けた何千人もの人々に恩赦を与えるとし、大麻を使用または所持しただけで刑務所に入れられるべきではないと明言した。

さらに、大麻所持の前科は雇用や社会サービスを受けることへの障壁をもたらし、人種間格差を悪化させていることや、白人と比較して、黒人やヒスパニック系に対する逮捕や起訴の割合が圧倒的に高いこととの問題点も指摘した。

その上で、大麻政策の失敗を認め、過ちを正す時がきたのだと発言したのである。

この結果、２０２３年８月29日にＨＨＳの高官は、マリファナを連邦規制物質法のスケジュール１からスケジュール３に再分類するよう要請する書簡を、米国司法省麻薬取締局（ＤＥＡ）局長あてに送付した。

大麻が分類されているスケジュール１とは、「最も高い乱用性、一般に認められた医療用途がない、医薬品として安全性が欠如している物質」と規定されている。それを、「乱用により中度の精神的・身体的依存」というレベルのスケジュール３に分類するのが妥当であるとしたのだ。

現在、スケジュール３には、マリノール（合成ＴＨＣ）やケタミン、筋肉増強剤（ステロイド)、コデイン、バルビツール酸系睡眠薬などが分類されている。これらの中には、日本の咳止めシロップなどの市販薬に含まれている物質もある。

アメリカ連邦政府は、39の州とワシントン特別区が大麻を非犯罪化していく政策をとっても、強固に規制を変えずにいた。しかし、大統領や大統領候補は、自身の大麻使用や大麻規制緩和について言及している。

その中でも、バラク・オバマ大統領(当時)は、大麻はアルコールよりも危険が大きいとは思わないと明言した。その後、ヒラリー・クリントンやバーニー・サンダースなども、大統領選挙戦中から大麻規制緩和を支持する発言をしてきた。

ドナルド・トランプは、自らは規制緩和には反対していたが、賛成者が多ければ受け入れるとの態度を示している。カマラ・ハリスは、大麻の合法化を刑事司法改革の重要な問題と位置付けている。

彼らは、若者や規制緩和を望むひとたちの票を獲得する目的もあり、このような発言を行ってきたと思われるが、アメリカ社会全体が大麻を容認し、また大麻の有効利用を多くの州法で合法化している現実を無視できなくなったことも理由であろう。

第六章

産業大麻がもたらす地球の環境改善

産業大麻の新たな可能性

産業大麻とはなにか？

産業大麻とは、文字通り産業用に使用する大麻草のことである。

産業用の大麻には、THC含有量が低く精神活性作用が起きない品種を使用する。医療用や嗜好用の大麻草と区別して、産業用の大麻草は「ヘンプ」と呼ばれている。植物学的には、どちらも同じ大麻草だ。

ヘンプのTHC含有濃度の基準値は国によって異なるが、日本では今回の法改正により、第一種免許取得者はTHC0・3％以下の品種をヘンプとして栽培することが可能になった。

ちなみに海外では、アメリカが0・3％、EUが0・2％、タイが0・1％、オーストラリアは1％である。

ヘンプが近年注目されている理由の一つは、その高い炭素貯蔵能力にある。

ヘンプは、1ヘクタールにつき、9〜15トンのCO²を吸収する。これは、若い森林が吸収する量に匹敵する。しかも5カ月で大きく育ち、輪作にも強いので、収穫後、何度でも栽培可能である。紙の原料であるパルプを作るために、地球上の多くの森林が伐採されているが、伐採されてしまった土地でヘンプを栽培し、ヘンプを原料としたヘンプペーパーに置き換えれば、森林伐採が止まり、CO_2排出量削減にも貢献するのではないかと主張する声もある。

ヘンプの生育過程で、密集した葉が落ちて土を覆うと水分の蒸発を防ぎ、葉の養分が土に吸収される。また、地中深く伸びる根によって、土壌にもよい影響がある。さらに、多少の肥料が必要な場合もあるが、農薬は少量あるいは、まったく使用しなくても栽培が可能だ。

このように、自然への負荷が低く、よい影響が得られることが、ヘンプの大きな魅力である。

また、ヘンプは素材としても優れている。

繊維や木質には良質なセルロースが含まれているため、抗菌作用のある布だけではなくバイオプラスチックやバイオエタノール、SAF（持続可能な航空燃料）などを作ることも可能である。つまり、石油から作られている製品のほとんどはヘンプを原料にして作ることができるのだ。

植物由来のプラスチックと聞くと、強度や耐久性が低いのではないかという懸念を持つかもしれない。しかし実際には、石油由来プラスチックと同等以上の性能がある。これは、大麻特有の良質な植物繊維によるものだ。

2008年にロータス社が発表した新車「エリーゼ」のエコバージョンでは、大麻素材のボディが採用されている。

また2019年にはポルシェが、「718ケイマンGT4クラブスポーツ」を発表している。同車には、量産レーシングカーとして初めて、ナチュラルファイバーコンポジット（天然繊維複合材料）素材が採用された。左右のドアやリアウイングには、大麻などの天然有機繊維の混合物が使用され、重量と剛性の点で、カーボンファイバーと同等の性能を備えている。

ヘンプの茎の表皮を剝いだ後の木質は、多孔質のため軽量でありながら強度がある。耐火性にも優れており、欧米では断熱材などに使用される。また、その木質を粉砕したヘンプチップを石灰と混ぜて作った「ヘンプクリート」と呼ばれる自然由来コンクリートも、通気性や耐火性に優れている。

麻の実は健康食としても用いられるが、種子を搾った油は、ペンキの溶剤などにも使用可能だ。石油産業が登場する以前には、大麻種子油はペンキの溶剤として広く使用されていた。さらに大麻種子油を燃料にして、ディーゼルエンジンを動かすこともできる。

また、重要な用途としては、これは大麻を規制する法律に関係してくるが、第二種免許が必要な品種から作るＣＢＤオイルが医療用として使用され、ヘンプから作られたＣＢＤオイルが食品や化粧品などの原料にもなる。

このように、いいことずくめのようにみえる産業大麻であるが、現在までの厳しい規制のため、国内では市場もなく、栽培者も加工技術も皆無に等しい。

この章では、国内でヘンプによる産業に携わっている人物や団体を紹介しながら、日本の産業大麻の将来について考察してみたいが、その前に産業大麻の具体的な使用例をご紹介しよう。

産業大麻の使用例

ヘンプ住宅

ヘンプクリートは、ヘンプとコンクリートを合体させた造語である。水硬性石灰、ヘンプ繊維を除いたオガラ（木質部分）、水を混合して漆喰壁のように固めたものである。吸音性、蓄熱性、調湿性、意匠性、耐火性、耐害虫性、低環境負荷性に優れている。ヘンプのオガラが細かい穴を有する多孔質であり、既存の住宅用素材よりも軽く、固体よりも熱を通しにくい気体が多く含まれていることから断熱性も高い。

植物性タンパク質としてのヘンプ食品

ヘンプシードは、多価不飽和のオメガ3、6脂肪酸を豊富に含み、オイルは通常、種子重量の30〜35％を占める。また、消化のよい良質な植物性タンパク質、食物繊維、現代人に不足しがちな鉄、銅、亜鉛、マグネシウム等のミネラルを含み、その他にもテルペン、植物ステロール、ポリフェノールが含まれている。

綿花代替としてのヘンプ衣料

綿花は除草剤と水を大量に使うため環境負荷が高く、その代替としてヘンプが注目されている。

ヘンプ紡績には、草丈を1メートルと短く切断して繊維を採取する亜麻方式、綿化させて繊維長3センチメートルにしたコットン方式、レーヨンやリヨセル化させたセルロース再生繊維方式、パルプ化したシートから作る紙糸方式の、4つの生産方式がある。

複合素材としてのヘンプ

1990年代後半から、ベンツやBMWなどの高級車の自動車内装材に、ガラス繊維の代替としてヘンプ繊維などの天然繊維が利用されるようになってきた。

製造時投入エネルギーの比較でみると、ヘンプ繊維は、炭素繊維の約58分の1、ポリプロピレンの約14分の1、ガラス繊維の約8分の1しかなく、省エネ、コストダウンにつながることがわかっている。

機能性成分としてのヘンプ

ヘンプに多く含まれるＣＢＤは、神経保護、抗けいれん、抗炎症、抗不安、抗精神疾患、睡眠改善、抗がん、鎮痛などの作用が注目されている機能性成分である。

厚労省への「大麻草の加工の許可申請」が受理されれば、第一種免許を取得していなくとも抽出作業が可能になる。

動物福祉向上としてのヘンプ

ヘンプシードは、小鳥や魚のエサになる。また茎のオガラを粉砕してチップ状にすることで、畜産動物やペットの敷料に、葉は飼料に使用することができる。ヘンプの木質は自重の４倍の吸水性があり、脱臭性もある。さらに埃(ほこり)が少なく、クッション性や断熱性があるため、敷料に適している。

バイオ燃料としてのヘンプ

ヘンプの良質なセルロースから、バイオエタノールを作ることができる。世界で生産しているほとんどのバイオエタノールは、トウモロコシやサトウキビなどの食料から作られている。しかし、世界的な食料危機の問題から、現在は原料を食物ではない「非可食バイオマス」にシフトしていく傾向にある。このような観点からも、ヘンプは有望な素材といえる。

ＳＡＦ（持続可能な航空燃料）の取り組みもアメリカではじまっており、他の作物より効率よく燃料化できる点が期待されている。

安倍元首相による国産大麻の復活戦略

２０２２年４月27日、大麻の有効活用を目的とした「産業や伝統文化等への麻の活用に関する勉強会」が、国会内で開かれた。

これは、自民党有志による勉強会であり、安倍晋三元首相、森山裕総務会長代行、山谷えり子参院議員の３名が呼びかけ人であった。

安倍元首相は冒頭、「産業用等の大麻について、残念ながら大麻というだけで偏見を持たれてしまっている」「神事をつかさどる上において麻は必要なもの。近年はヘンプとして自動車用の部品やボディ等に使われている。カーボンニュートラルを見据えれば、ヘンプの活用が期待される」などと述べ、大麻栽培農家が未来を描けるように農業、産業振興の観点からも、政治の場で考えていく必要があると訴えた。

安倍元首相夫人である安倍昭恵氏も以前から大麻草に関心を持っており、医療大麻の解禁や、過疎や高齢化が進む地方の再生に大麻栽培を取り入れることなどを提言してきた。

2016年7月2日に京都国際会議場で開催された「第1回世界麻環境フォーラム」で安倍昭恵氏は、門川大作京都市長や田中安比呂上賀茂神社宮司とともに登壇し、「日本の伝統的な麻文化の再生にむけて　環境と産業の可能性〜自然と共生してきた日本人の精神」というテーマで統括座談会に参加している。

安倍元首相らによる勉強会に先立ち、2021年6月に発足したのが、本書にも何度か登場している「カンナビジオールの活用を考える議員連盟」(CBD議連)だ。

CBD議連は、立憲民主党の松原仁衆院議員と自民党の河村建夫前衆院議員の呼びかけによって発足し、超党派の議員が40名ほど名を連ねている。議員会館で定期的に開かれた勉強会には、厚労省監視指導・麻薬対策課や、警察庁、法務省、経済産業省などの行政から幹部らが参加し、活発な議論を交わしていた。

CBD議連誕生のきっかけは、CBD業者や関係者の働きかけによるものだった。CBD市場が誕生するまでは、大麻草規制緩和というと、人権問題や薬物問題に偏りやすく、政治家へのロビー活動も難しい状況だった。しかし、240億円ともいわれるCBD市場が誕生したことにより、このような流れが生まれた。

2021年のCBD議連と2022年4月の安倍元首相らによる自民党の勉強会の発足が、政治の世界に大麻の認知度を広げ、法改正の原動力の一つになったのは間違いない。しかし、安倍元首相は、勉強会が発足した約2カ月後に、凶弾によってこの世を去った。

2023年3月、麻産業創造開発機構（HIDO）が主催して、自民党の有志議員による勉強会が再び開催された。

「産業や伝統文化等への麻の活用に関する勉強会」の森山裕総務会長は、「麻の栽培は伝統的な行事での利用だけでなく、カーボンニュートラルや地球環境の保全にも資する」と強調した。その後、この勉強会は複数回開催されており、法改正への原動力として現在も活発に活動している。

伊勢からはじまった産業大麻の夜明け

産学官で産業大麻に取り組む三重県

法改正に先駆けて、三重県では、大麻取扱指導要領を改訂し、安全な大麻であることを前提に、今まで厳しかった大麻の栽培場所等の規制緩和に加え、栽培目的を神事に限らず、大麻を活用した研究開発や産業利用にも拡大する方針を打ち出した。

その一環として、三重県多気郡明和町内の公有地や農地で大麻を生産し、麻に関する歴史・文化の継承と、農業としての大麻生産の確立によって、大麻産業の振興を目指す産学官連携伊勢麻振興プロジェクト「天津菅麻プロジェクト」が開始された。

栽培するのは、陶酔成分のＴＨＣをほとんど含まない大麻品種である「ヘンプ」だ。

天津菅麻プロジェクトの目的は、以下の５つである。

①大麻草の在来種の保存、品種改良
②麻生産技術、歴史・文化の継承
③麻文化の継承と地域ブランディング

④産業利用実験農場・施設を実証研究
⑤新たな大麻産業の創造に関する取組

この流れの源泉は、伝統大麻の復活を目指している、一般社団法人「伊勢麻」振興協会（2014年設立）の活動にある。

この団体は、神事で使用される国産大麻の復活を目指し、麻の伝統的価値や素材、作物としての可能性を広く日本人に訴えている。

神事や日本の伝統産業で使用する国産精麻を、持続的かつ安定的に供給できる仕組みを構築することを目指している「伊勢麻」振興協会の活動に対して、明和町や三重県が共感し、「天津菅麻プロジェクト」が生まれたのである。

このプロジェクトが大麻を栽培する圃場は、三重県内に点在する。その一つ、国史跡「斎宮跡（さいくうあと）」の一画に、プロジェクト参画企業であるヘンプイノベーション株式会社が栽培を行う圃場がある。同社は長年、持続可能な社会の創造のため、国産ヘンプの推進に尽力してきた。

伝統と新技術が交差する

斎宮とは、皇室から派遣された女性が移り住み、伊勢神宮の祭祀を行うための執務をした場所だ。

すでにヘンプの栽培を始めている「伊勢麻」振興協会や三重県の理解者たちは、伝統としての大麻の復活を強く望んでいる。そんなことも、この場所が圃場に選ばれた理由の一つだった。

故・世古口(せこぐち)哲哉明和町長（当時）は、伝統の復活とともに、GX（グリーントランスフォーメーション）と脱炭素のためにヘンプを作ろうという考えを持っていた。GXとは、カーボンニュートラルの実現に向けて、温室効果ガス排出源の化石燃料や電力を、再生可能エネルギーや脱炭素ガスに転換することである。

これらの実現を目的として作られたのが、三重県明和町を中心に、三重大学や皇學館大学、株式会社伊勢麻、HIDO、明和観光商社、ヘンプイノベーション株式会社で構成された、「天津菅麻プロジェクト」というわけだ。彼らは全国に先駆け、大麻による伝統の復興と新産業の創出を目指している。

地道に取り組んできた三重県のひとたち

２０１４年に一般社団法人「伊勢麻」振興協会が発足するとともに、株式会社伊勢麻の松本信吾共同代表や皇學館大学の新田均教授らの地道なロビー活動がはじまった。全国で講演や研究会を開催するなど地道な努力を重ねていく。

発足から3年後、ようやく伝統用大麻の栽培免許を取得できた。しかし、低ＴＨＣ品種のヘンプであっても、圃場にフェンスや監視カメラの設置を求められるなど、厳しい規制を課せられた。それでも、多くの支援者の協力もあり、大麻栽培はスタートしたのだった。

伝統用の大麻栽培に続いて、現在は、三重大学が大麻草研究者免許とともに麻薬取扱免許も取得し、産業用品種の研究まではじまっている。

この産業用ヘンプの部門を担っているのが、前述のヘンプイノベーションだ。彼らの目的は、日本に実体としてのヘンプ産業を興すことだという。

そのためには、サプライチェーンを構築する必要があり、ヘンプの圃場を増やしていくことが必須だ。彼らは、地域産業を活性化するとともに、環境に貢献していきたいと考えている。

２０２２年に政府が発表した「骨太方針２０２２」の中に、「大麻に関する制度を見直し、大麻由来医薬品の利用等に向けた必要な環境整備を進める」という文言がある。

これは、医療用だけではなく、産業用についても進めていく余地があるということだと、ヘンプイノベーション株式会社取締役CTOの岡沼隆志氏は解説する。

さらに政府は、2023年に脱炭素社会を目指す「GX推進法」と「GX脱炭素電源法」を成立させた。そのため、産業用ヘンプの活用は、今がベストなタイミングだと岡沼氏はいう。

ヘンプイノベーションの確実な一歩

現在2年目の天津菅麻プロジェクトであるが、未来を予感させるいくつかの話が進行中だという。

その一つが、ヘンプ複合素材を使ったレースカーの開発だ。すでにフラックス（亜麻）を使ったプラスチックが採用されたレースカーはあるが、これらの複合素材とヘンプ複合素材のデータを比較研究しながら進めている。

ヘンプ複合素材を自動車部品に使用するのは、ヨーロッパ圏ではポピュラーな技術だ。それだけに、この試みは現実的である。

今後、国内のレースカーに国産のヘンプ複合素材が使われれば、将来は市販車にも転用されるかもしれない。日本のメーカーがそれを採用したら、国内のヘンプ産業は大きく変わっていくに違いない。

その一方で、ヘンプイノベーションではヘンプクリートの製造もはじめており、ヘンプの木質を粉砕してプレスした複合材であるヘンプボードについても、メーカーと協力してデータ調査を開始している。

さらに、地元の紡績会社と提携し、生産した繊維から布を試作したところ、紡績原料品質であることが確認できたそうだ。

他の産業と比較したら、ほんの小さなことだが、日本の大麻産業にとっては、とても大きく、確実な一歩だといっていいだろう。

カンナビノイド市場は240億円超

日本のCBD市場を確立させるために

市場調査会社ユーロモニター・インターナショナルの報告書によると、CBDを含む日本のカンナビノイド市場は２０２３年に２４０億円に達した。４年間で６倍に成長しているという。また、日本国内でのＣＢＤの利用者数は、58万８０００人と推定されており、今後も増える見込みだ。法改正による規制緩和によって、この傾向は加速するはずだった。

しかし、法改正前に厚労省が発表した、ＴＨＣ残留限度値のあまりにも低い数値によって、今後のＣＢＤ事業に不安を感じたメーカーの多くが、商売をやめていった。詳しい数字はわからないが、複数のＣＢＤ関係者に聞いてみると、２０２４年11月現在で、約半数の業者が廃業か業態変更を行っているようだ。

法改正とともに、大きく市場が変化しはじめているＣＢＤ業界は、これからどうなっていくのだろうか。

62ページにも登場したＡｓａｂｉｓ株式会社代表の中澤亮太氏に聞いた。

日本のCBDと麻産業は黎明期

中澤氏は、現時点での日本のＣＢＤ産業は、まだまだ黎明期にあるととらえている。

海外の展示会では、大麻産業におけるバリューチェーンである研究や栽培、製品開発から金融、マーケティング、周辺関連サービスまで、すべてをカバーしているという。しかし日本国内では、まだチェーン下流の原料や最終製品等に範囲が限定されている状況だという。

２０２３年11月に開催された「ＣＢＤジャーニー＆カナコン２０２３」では、渋谷駅直結の渋谷ストリームホールの３フロアを借り切り、各国大使館や海外展示会主催企業等を含む国内外１００社以上の企業が集結した。結果として、２６００名以上が来場し、テレビでも取り上げられるなど大盛況のうちに幕を下ろしたのだが、その後は参加企業が減少し開催も厳しくなっているという。しかし、２０２４年11月にも無事開催され、内外から紹介されたパネリストたちによって、ＣＢＤ業界の今後について熱い議論が行われた。

法改正の内容は厳しいものであったが、それでも変更が明確に示されたことで、ＣＢＤ市場が大きく成長していくかもしれないと、中澤氏はみている。

ＴＨＣ濃度が厳しく規制されたことで、短期的には、ＣＢＤ業界は苦境に立たされたといえる。しかし中長期的にみれば、新規制に対応できる資本力や対応力を持つ企業が参入することで、市場はさらに拡大していくのではないかというのだ。実際に、大正製薬が、２０２４年９月に「CBD taisho」というサプリメントを発売した。今後は大手メーカーによる新商品が次々と発売されることを期待したい。

今の厳しい状況を越え、法改正による規制緩和のタイミングをうまくとらえて、波に乗ることが重要だと中澤氏はいう。そして、新たな規制に対応した形でCBD産業を盛り上げられるよう、情報発信やイベント等をやっていくとともに、CBDに関する最新情報を、市場や監督官庁にも提供できるようにしたいと意欲を燃やしている。

アパレルを通してヘンプのよさを伝えていく

日本を代表するヘンプ・アパレル「GOHEMP」

1990年代以降、「GOHEMP」をはじめ、「A HOPE HEMP」「Payaka」「Renaturc」「忠兵衛」「Usaato」、そしてエイベックスと京都の帯匠による「麻世妙（まよたえ）」など、ヘンプ素材を使用したアパレルブランドが誕生し、ヘンプ素材を好む熱いファンたちに支持されている。

デザイナーの橋本浄（きよし）氏は、早くからヘンプ素材に魅力を感じ、自らのブランド「GOHEMP」を設立した。

橋本氏は、1959年に佐賀県で生まれた。アメリカ文化やロックが好きだった橋本氏は、10代の頃からサーフィンに夢中になり、九州の海で波乗りをする日々を過ごしていた。そんな時、ハングル文字のペットボトルなど浜辺に漂着する夥しいゴミをみて、環境について考えはじめたという。

その後、伝説のサーファー、ジェリー・ロペスのカジュアルサーフブランドである「ライトニングボルト」に就職し、アパレルの世界でキャリアを積み独立。自身のデニムブランド「GOWEST」を設立した。

欧米の展示会に参加した橋本氏は、環境問題に関心の高いアパレルメーカーであるパタゴニアのショップを訪れた。

そこには、ヘンプ素材の服が並び、壁一面に大麻農家の収穫風景などの写真がディスプレイされていた。アパレルで、しかもパタゴニアという有名ブランドが、ヘンプ素材を前面に打ち出したことに、橋本氏は衝撃を受けた。タブーを越えて、ヘンプという大麻素材を通して地球環境にアプローチしている姿勢に、強い共感を覚えたのである。

橋本氏は帰国すると、自社製品の一部を製造している中国へと渡った。そして、香港の生地屋を回り、生成りの大麻製の布をみつけた。

「この素材で服を作りたい」

パートナーである香港のエージェントに相談したところ、彼は驚いてこういった。

「なにをいっているんだよ、中国では亡くなった方が身にまとう服の生地だよ」

そういわれて一瞬怯んだが、心の中ですぐに戸惑いを打ち消した。

よくよく考えてみれば、ヘンプ生地には殺菌効果や防虫効果がある。葬儀の際に大麻の服を使うことは、理にかなっているではないか。橋本氏は、ヘンプ素材をますます気に入った。

その時から、橋本氏のヘンプ・アパレルの歴史がはじまった。1991年、彼が32歳の時だった。

ヘンプはヘンプ。リネンではない

橋本氏は、さっそく製品を作り、ブランド名を「GOHEMP」とした。今までのデニムブランドである「GOWEST」を引き継ぎつつも、ヘンプという言葉を広めたい思いで付けたブランド名だ。

当時は、ヘンプという名前を知っている人は少なかったが、「大麻」という名前が気になるひとも多い。ヘンプといいかえるだけで、柔らかなイメージになる。

その頃は繊維製品品質表示規程により、「麻」という表示はリネン（亜麻）とラミー（苧麻）を指し、大麻繊維は「指定外繊維ヘンプ」と表示することが義務付けられていた。このことから、リネンやラミーをヘンプと混同するユーザーやメーカーがいた。

「麻というのはリネン。ヘンプはヘンプ。僕にとっては重要なポイントです」と橋本氏はいう。

さらに彼は、東京の恵比寿にGOHEMPのショップを作った。店内は、フランスから輸入したヘンプの壁材で覆われており、来店するひとたちは、皆、自然素材の心地よさを感じていた。ヘンプナッツなどの食材を使うオーガニックカフェも隣接しており、現在は奥様と息子さんが働いている。まさにヘンプ尽くしの人生である。

「ヘンプが好き」だけでは成立しないヘンプビジネス

橋本氏は、すべての製品を、自身でデザインしている。アートワークは他のスタッフが行うこともあるが、ディレクションは彼によるものだ。

ヘンプが好きだからなにかやろうとはじめたわけではない。モノ作り、服作りが好きでアパレルの世界に入り、その中でヘンプに目覚めたからここまで続けてこられたのだと、橋本氏はいう。

ヘンプビジネスについての重要な鍵が、ここにある。

ヘンプや大麻には、さまざまな使い道がある。しかし、ヘンプをビジネスにするためには、自身の技術や経験、あるいは資金力が必要だ。

海外では大麻合法化に伴い、「グリーンラッシュ」と呼ばれる大麻ビジネスのバブル現象が起こった。「ゴールドラッシュ」になぞらえて、大麻による経済効果に付けられた名前だ。これを狙って、ヘンプや大麻ビジネスに参入してくるひとたちは多い。

しかし日本では、大規模なグリーンラッシュは望めそうもないというのが筆者の予想だ。なぜなら、海外で大規模なグリーンラッシュを牽引したのは、嗜好大麻や医療大麻であったからだ。その大幅な規制緩和が、この国では行われない。

ヘンプ・アパレルは、これらのビジネスとはカテゴリーが違う。海外と同様に、大麻市場全体がグリーンラッシュで大きく拡大しない限りは、「濡れ手で粟」のようなヘンプビジネスは、日本では簡単には生まれないだろう。

橋本氏たちのように、地に足を着けたモノ作りや経営を行うことが大切なのだと思う。

アパレルを通して地球環境の大切さを表現する

熱心なヘンプファンは、100%ヘンプ素材のものを希望するが、橋本氏の作るTシャツの中には、ヘンプとオーガニックコットンを55対45の割合で混ぜているものもある。この配分は生地強度もほどよく、バランスがいいからだ。

橋本氏は、オーガニックという位置付けで、コットンだけではなく、ウールなどもヘンプと混ぜ合わせる。これにより、肌触りがよく、夏は涼しく、冬は暖かい製品を作ることができる。

さらに、ペットボトルのリサイクルで作られた繊維を混ぜ合わせることもある。これにより、生地の強度が増すとのことだが、合成繊維も使用するとは驚きだ。

合成繊維は使いたくないが、一方で、リサイクル素材を利用することは、今の時代に合っているのではないかと彼は話す。

日本の麻文化をみつめなおす

最近は、日本の大麻文化を多くのひとに知ってもらいたいと、橋本氏は考えている。

そのため、栃木県の大麻農家であり野州麻紙工房を主宰する大森芳紀氏と協力しながら、日本の大麻草の伝統や文化を知ってもらう活動も行っている。

日本には、世界に誇れる麻文化がある。しかし、多くの日本人はそれを知らない。横綱の綱が大麻繊維でできていることや、神具に使う精麻の美しさを知らないことも残念でならないという。THC濃度が低いヘンプでも、免許を持っていなければ触ることも畑を手伝うこともできないことに心を痛め、GOHEMPのユーザーたちと麻畑を見学したり、大麻の伝統を伝えるイベントなどへの協力もしたりしている。

GOHEMPを30年以上続けてきた彼は、今まで育ててきたブランドのイメージを礎に、日本のヘンプ業界を盛り上げていこうと考えている。

ヘンプクリート住宅で、日本に健康を取り戻す試み

日本初のヘンプで作った一般住宅

近藤豊三郎氏は、長年、日本で本格的な西洋建築デザインとプロデュースを手掛け、日本で初めて、ヘンプクリートによる一般住宅を作った人物である。

近藤氏が、ヘンプクリートを使った住宅をデザインしたのは、2013年のことだ。まだヘンプの建材が、一部の大麻関係者たちにしか認識されていなかった時期だ。日本の住宅は、欧米と比較して耐久性が低く、化学物質を大量に使用している。建築に携わってきたものとして本当に情けない。この現状を何とかしたいという思いが、近藤氏の中に常にあった。

ある時、欧州を訪れた際に、イギリスでウイリアム・スタンウィックスという男性に出会った。

スタンウィックス氏はヘンプクリートを使用した家を作り、その知識や技術を一冊の本『The Hempcrete Book』にまとめていた。

そこには、ヘンプクリート住宅についての情報が詳細に記されていた。

この頃はすでに、ヨーロッパ全土でヘンプへの関心が高まっており、ヘンプクリート住宅のブームが巻き起こっていた。

近藤氏は、スタンウィックス氏の話を聞き、実際にヘンプクリートをみて、自分が求めていたものであることを確信した。そして、スタンウィックス氏と組むことになったのである。

ちょうどその時、日本で住宅のデザインを依頼された。

依頼主は、アレルギー体質の子どもと安心して暮らせる健康的な家を希望していたため、この家をヘンプクリートで作ろうと考えた。日本にも、ヘンプクリート住宅への潜在的な需要があったのである。

そして近藤氏は、ヘンプクリートを使った一般住宅を、２０１３年に日本で初めて完成させた。

シックハウスとヘンプクリート

シックハウス対策としての、ヘンプクリートのような自然素材を使った住宅には、どのような利点があるのだろうか。

これについて考察するには、日本のシックハウスの問題に触れる必要がある。

日本にはシックハウスによるアレルギー患者が、約１００万人いるといわれている。しかしマスコミは、これをほとんど報じていない。そのためこの問題が、広く社会に伝わっていないのが現状だ。

シックハウス患者がこれほど増えた原因の一つに、有害物質であるアスベストの問題があると近藤氏はいう。

アスベストは、住宅の屋根の建材として広く使われてきた。しかしアスベストには強い有害性があることがわかり、２００６年の法令の改正により全面禁止されて以降、多くの公共施設やビルが解体された。一般の住宅にもアスベストが使われていたため、対処する必要が出てきた。

一般住宅の屋根を解体する場合、通常は10万から15万円の費用で賄える。しかし、アスベストを含む建材で作られた屋根を解体するには、約２００万円の費用がかかる。さらに国は、法人には解体のための補助金を出したが、個人には出さなかった。個人住宅は、自費で解体しなければならず、大きな負担である。そのため、解体ではなくリフォームという方法で、アスベストに対処しようとするひとたちが増えていった。その結果起きたのがリフォームブームだ。

しかし通常のリフォームでは、壁紙のビニールクロスの接着剤など、化学素材が多く使用される。シックハウスの原因としては、建材や塗料、接着剤などから発生するホルムアルデヒドや塩化ビニルモノマー、揮発性有機化合物（ＶＯＣ）などが、室内に滞留して濃度を増すことがあげられる。現代住宅は高い気密性があり、化学物質が外へ逃げにくく、蓄積しやすい。リフォームブームの陰で、逆にシックハウスが増え、それに苦しんでいるひとたちがいるのだ。

このような理由から近藤氏は、シックハウスに苦しんでいるひとたちを救うために、ヘンプ素材を使うことを思い立ったのである。

ヘンプクリートは面倒くさい

日本の住宅がヨーロッパのそれと決定的に違うのは、安全基準である。

近藤氏の建築デザインの基本的な考え方は、「健康住宅」であり、それは「呼吸する家」であるという。

日本の一般的な住宅は、壁の通気を耐火ボードで遮って、ビニールクロスを貼って空気を遮断する。すると、壁の中に湿気が溜まり、カビが発生する。このカビも、シックハウスの大きな原因の一つだ。

日本には100万人もの建築家や建築士がいるが、この問題への疑問の声をほとんど聞くことがないと近藤氏はいう。

建築家の使命は、住むひとの財産と健康を守ることである。この問題について、誰も取り組まないのであれば、自分ひとりでも立ち上がろう。そう考えていた彼は、通気性がよく、耐火性も高いヘンプクリートに注目した。

「ヘンプクリートの壁は、ちゃんと呼吸をするし、ヨーロッパでも住宅建材として認められているんです」

近藤氏は、そう熱く語る。

しかし、ヘンプクリートを使うことは、日本の建築基準法で規制されるなど、難しいことはないのだろうか。そんな疑問を投げかけたら、近藤氏はあっさりと答えた。

「規制する法律は、なにもないです。面倒くさいだけなんです」

通常の日本の住宅建築は、壁材の中にグラスウールという素材がパッキングされたものを、パタパタと入れていくだけで済む。しかしヘンプクリートは、ブロックを積み上げていくので人手も時間もかかり、費用も高くなるのだ。

近藤氏が最初にデザインしたヘンプクリート住宅では、5名の職人と1カ月の工期、約300万円のコストがかかってしまった。そんな大がかりでは到底日本では普及しない。ところがイタリアのメーカーにいわせると、作り方が違うという。この問題を解決するために、日本の事情に合わせたヘンプクリートの吹き付けマシンを、イタリアの会社が開発した。

このマシンを使用すると、３名で10平米の壁を1時間で吹き付けることができ、１週間で30坪の家を作ることが可能になる。そのためコストも抑えられる。

住宅は、経済と健康に大きく関わっている。今後、日本でのヘンプクリート建築はどのようになっていくのだろうか。

この問いかけに近藤氏は、現在の日本の住宅価値が大きく影響するという。

現代の日本の住宅は、20年少々で資産価値がゼロになってしまう。30年や35年もローンを組んでいるのに、25年経って売却しても10年近くローンが残ってしまう。それを清算しなければ、新たに家を作ることはできない。

しかし、50年や１００年住める家だったら、そのような問題は起きない。精神的なストレスも全然違うだろう。そういう意味でも、日本の建築というのは、世界で最も劣っている。さらに問題なのは、それを誰も指摘しないことだ、と近藤氏はいう。

だからこそ彼は、ヘンプクリートによる「健康住宅」を日本に広めていくことで、建築家としての使命を果たしていきたいと考えているのである。

産業大麻に立ちはだかる壁

栽培技術の継承ができていない

国内の大麻農家は、戦後3万7000軒以上存在していたが、2024年現在では、わずか30軒しかない。かつては全国で大麻栽培が行われており、その土地と用途に合った品種や栽培加工技術があった。しかし、そのほとんどが継承されずに消滅してしまった。

現在、市場に出回っているCBD製品は、100%を輸入に頼っている。ヘンプクリートにしてもSAFにしても大量の大麻を使用するため、国内で大規模栽培を行い、生産地で一次加工をする必要がある。バイオマスエネルギーの観点からみれば、輸入に頼っていたら、輸送の際に大量の二酸化炭素を排出することになるからだ。

70年以上の空白期間を経た日本の大麻産業は、すべてがゼロからの再スタートである。

種子はどこから調達するのか

日本で大麻栽培をするための種子は、国内にはほとんど存在しない。栽培免許を取得する条件の一つに、この種子の調達先の問題がある。

厚労省の「第一種大麻草採取栽培者免許申請の審査に当たっての考え方（案）」によると、次のようにある。

大麻草の種子等の入手先が明確であり、かつ濃度基準値を越えない大麻草の種子等を用いて栽培することが明らかであること

前年度に免許を有していない場合には、不正栽培により得られた種子等でないか確認しないと、育てた結果、ＴＨＣ濃度の高い品種の種子だったという可能性がゼロではないのだ。

では免許を新規申請するにしても、果たして27軒の農家が栽培している種子を譲り受けて栽培を行うのだろうか。現状では、それは難しい。多くの国産品種は、ＴＨＣ以外のカンナビノイドの詳細な濃度はわからず、各農家が採種して加工目的以外で使用できるかは不明だからだ。

そのため新規申請者の多くは、外国から種子を購入する必要がある。

海外品種の中には、THC０％のものもいくつか存在する。また、CBDの含有量の高い品種もある。新たにはじめる大麻農家のほとんどが、海外品種を輸入して栽培することになるだろう。しかし、ほとんどの大麻農家が海外品種農家であったとしたら、少し寂しい。日本は古来、大麻と深い関係を築いてきたのだから。

今後、日本の土地に合った国産大麻の開発が進むことを願っている。

野生大麻は宝の山

日本には、多くの野生大麻が生えている。野生大麻駆除を呼びかけるポスターをみたことがある読者もいるだろう。毎年駆除される野生大麻の本数は、数十万本に及ぶ。

主に北海道、青森県、長野県、岩手県が多いが、具体的には、２０２１年度は49万７４６３本、２０２２年度は82万９５１３本、そして２０２３年度には２０３万５３９本が駆除された。

その年の天候や環境によって駆除される量に変動があるが、これだけの規模の大麻が日本にはある。さらにこれらの大麻草は、廃業した大麻農家の種が野生化したものもあれば、縄文時代から続く品種もある。しかも、毎年駆除されているにもかかわらず、これだけの量が生えてくるということは、その土地に固定化された植物だといえる。各土壌に合った品種へと進化しているだろう。

これらの野生大麻の中から、大変希少な品種が発見されるかもしれない。しかも、毎年駆除しているのだから、全国の保健所は、生息エリアを把握している。それを徹底的に調査して、国や自治体が品種登録をするのはどうだろうか。

それをベースに品種改良を行い、目的に応じた独自の品種を登録することで、効率のよい栽培方法と、新たなビジネスが生まれる可能性もある。米と同様に、各地で自慢の大麻品種が生産できれば、国内だけではなく、海外市場も狙えるかもしれない。

海外の種苗会社は、日本国内の野生大麻に対して興味を示している。実際に、国外に不法に持ち出された種子から嗜好用の品種を栽培し、販売しているケースもある。野生化した日本の大麻草は、大きな可能性を秘めているのだ。

しかし、その一方で、懸念することがある。

今後、大量の海外品種が輸入されて国内で栽培された場合、それらの花粉によって、野生大麻との交雑が起きる可能性がある。古くから生息していた日本品種に影響を与えかねないのだ。

野生大麻の保護と研究は、日本の大麻産業にとって、重要な課題であるといえよう。

北海道の取り組み。輪作に大麻を組み入れる

北海道ヘンプ協会（ＨＩＨＡ）は、北海道における産業大麻の普及と産業化を掲げて活動している団体である。ヘンプを北海道の基幹作物にすることで、全道で２万ヘクタールの栽培面積を目指している。

この協会の初代代表理事である菊地治己（はるみ）氏は、北海道立北見農業試験場に在職中の2003年にヘンプと出会った。当時は主に「ゆめぴりか」などの水稲の育種事業に従事し、道産米の食味改善に取り組んでいた。その後、ヘンプの可能性に魅了され、その普及に努めてきた菊地氏の取り組みが多くの仲間を呼び、現在では道議会や道庁、市民や農家などと幅広い連携を取りながら活動している。

かつて日本の大麻産業は、明治政府による殖産政策により奨励され、特に北海道開拓の大きな原動力となった。それが戦後は栽培されずに放置され、野生大麻となった。北海道が大麻栽培に適した土地であることがわかる。

しかし、それは品種にもよるようだ。

ＨＩＨＡは、北海道に適した品種を調査してきた結果、フランスの播種（はしゅ）用ヘンプ種子会社であるHEMP-itから、ＴＨＣ０％で、機械化農業に適した収量の多い品種について、作付面積に必要な量を毎年輸入する計画を進めている。

収穫物の、繊維や食品や建材などへの一次加工も現地で行う計画だ。種子の輸入だけではなく、栽培技術、収穫機械、加工設備の導入も、フランスの大麻関連企業などと提携して行う予定があり、極めて具体的である。

さらに画期的なのは、北海道の畑作輪作体系を守るために、甜菜をヘンプに移行していく構想だ。

輪作とは、連作障害を防ぐために、同じ畑に異なる作物を一定の順番で循環栽培することである。一例としては、「甜菜↓馬鈴薯（ばれいしょ）↓秋播き（あきま）小麦↓豆やスイートコーン」と、順番にさまざまな作物を育てる。

甜菜は砂糖の原料に用いられるが、近年の砂糖需要の減少や輸入砂糖の増大などで、国内砂糖生産が縮小するとともに、道内の栽培面積が減少しているという。そうなるとサイクルが壊れて、長らく続けられてきた輪作ができない地域が出てくる。それらの農地でヘンプを栽培して、輪作の一部に組み込むとともに、北海道を一大ヘンプ産業地域にするというのが、ＨＩＨＡの構想である。

「麻マヨネーズ」のかんな高原農場

群馬県にある合同会社かんな高原農場は、２０１０年から大麻栽培者免許を得て、合法的に大麻栽培をしている。筆者も、この農場の免許取得の時から、関係者として携わっている。

かんな高原農場は、大麻からの食用種子油の採取を目的とした日本で唯一の農場である。農場の責任者として大麻の栽培を続けている張ヶ谷（はりがや）毅氏は、試行錯誤しながら、麻子夫人とともに栽培や加工を行っている。

採油された種子油は、「麻マヨネーズ」の原料となる。生産本数が少なく通常のマヨネーズよりも高価だが、根強いファンがおり、毎年あっという間に売り切れる人気商品だ。

この農場が栽培免許を取得できた背景には、丸井英弘弁護士と、当時活動を行っていた大麻草検証委員会の協力があった。丸井弁護士は、大麻研究者として40年以上、さまざまな品種の大麻草を栽培してきた。そして、この農場の理事のひとりでもある。

種子は、丸井弁護士から供給され、かんな高原農場の大麻栽培がスタートした。

農場全体の面積は11ヘクタールあるのだが、最初の免許申請時は栽培経験がなかったため、栽培面積は少なめに22アールで申請した。しかし、その後、麻マヨネーズの人気が高まったので面積拡張の申請をしたのだが認可されなかった。生産量を増やすことができず、採算が取れないため大麻農家としての経営には苦労している。

通常の生産農家であれば、換金率の高い農作物に切り替えてしまうだろうが、張ヶ谷氏たちはそうしなかった。丸井弁護士から提供された種子には複数の品種があり、違いを観察しながら栽培するのが面白かったらしい。

かんな高原農場の麻の品種には、早生（わせ）、晩生（ばんせい）の違いがあり、種が完熟するまでの期間には60日前後の差がある。背丈、色、香りもさまざまだ。その他、繊維の強度、茎の硬さ、葉の形状、枚数、雌雄同種、成分、耐病性、害虫への強弱などの違いもあり、単一栽培では得られない楽しさがあったため続けてこられたという。

今後は種子の生産にとどまらず、大麻草の性質や栽培法、製法、活用法、身体的・精神的な影響などについても研究していきたいと、意欲を燃やしている。

大麻産業の成立が難しい理由

いかに大麻草が環境に優れていたとしても、それだけが理由で大麻産業が広がることはない。それを使う個人や社会が、経済や利便性よりも、環境や健康を本当に重視していなければ、この市場は広がらないだろう。

オーガニックフードなどがいい例だ。

オーガニックなスローフードが健康にいいことはわかっている。しかし、気が付くとコンビニのおにぎりで昼食を済ませている。健康よりも環境よりも、財布の中身と午後のアポイントの方が重要なのだ。ヘンプを根付かせ、地球環境の改善につなげていくのは、容易ではない。それは、今までの経済重視の考え方を変えなければ実現できないだろう。

ヘンプを取り入れた理想的な社会構造は、地産地消が望ましいといわれている。圃場を中心に栽培者の生活圏があり、半径50キロ圏内に一次加工場や物流施設が存在するような、比較的小さなコミュニティだ。

大麻草の花穂から採れた薬効成分は、サプリメントや化粧品の原料にする。種は食品やオイルに、残った茎の繊維や木質は、それぞれ紡績やバイオプラスチックやエタノールや建材にしていく。どれも手間と時間のかかる作業であり、一朝一夕にできる社会ではない。

しかし、マーケットを海外まで広げてみると、可能性はまだまだありそうだ。

あたらしいヘンプ産業を作り上げるには、全国の複数の地域でヘンプの生産加工拠点が生まれ、それぞれが自立しながら個性的な製品を提供していくことが大切だと思う。

例えばそれは、ワイナリーのようなものかもしれない。

その土地に合ったヘンプを育て、特上のＣＢＤオイルを作るのはどうだろうか。何年かかるかわからないが、日本人の手仕事の技術の高さがあれば、現実的なことだろう。あるいは、日本の技術を使って、高性能のヘンププラスチックやバイオエネルギーを生産するのはどうだろうか。そのもとになる品種の種と加工技術をもって、海外企業とビジネスをすることも可能なのではないだろうか。

いずれにせよ、日本にヘンプ産業をゼロから作り上げるためには、ヘンプへの熱い思いや資本力、そして柔軟な思考が必要なのである。

おわりに

それでも大きな可能性を信じて先をゆく

5年後の見直しに向けてなにをしていけばいいのか

今回の法改正には、多くの課題が残されている。70年以上も放置されたのちの、初めての全面改正であるため、それも仕方がないのかもしれない。

政府は、この法律の施行後5年を目途として、この法律による改正後のそれぞれの法律の施行の状況を勘案し、必要があると認めるときは、この法律による改正後のそれぞれの法律の規定について検討を加え、その結果に基づいて必要な措置を講ずるものとすること今回の法改正にあたり、このような附則が加えられた。

法律の規定は「本則」と「附則」から構成され、本則には、法令の本体的部分となる実質的な定めが置かれるのに対して、附則には、本則に定められた事項に付随して必要となる事項が定められることとなっている。

附則は本則の円滑な運用のために不可欠な規定であり、法律の一部として制定されるため、本則と同様に法的拘束力を持つ。附則に記載された内容も遵守しなければならない義務が生じるのだ。

今回の法改正には、いくつかの附則が書き記されているが、その中の一つが、前述の検討条項（見直し規定）である。

検討条項とは、法律の施行後一定の時期において、法律の施行の状況や社会情勢の変化等をみて検討を加えた上で、所要の措置を講ずることを政府等に義務付ける規定だ。

改正法が、2023年に成立したので、5年後の見直しは2028年。2027年までの統計と運用を評価することになる。

改正法をよりよくしていくためには、見直しに向けてどのような行動をとればよいのだろうか。

慎重に精査すべきは、使用罪による厳罰化だと筆者は考える。

大麻取締法では、所持罪が懲役5年以下だったのに対し、改正後は麻向法の使用罪が適用され、懲役7年以下となった。これに対して、法律が正しく運用されているのかを確認していく必要がある。

前出の石塚伸一名誉教授によると、使用については、施用と所持の適用について前例がないので、取り締まる側も慎重になるのではないかという。最高刑7年ということは、起訴すれば1年程度の求刑になる。当局は慎重に捜査を進めていく可能性がある。

そのため、相応の悪質なケースから逮捕していくのではないか。また、栽培については、改正法施行前に象徴的な事犯は検挙したので、新たな事例を探すのに少し手間がかかるのではないか、とのことだ。

それなりの社会的立場とお金のあるひとたちは、外国に出て使うようになり、国内では若いひとたちが密売ルートから手に入れるケースが目立つようになるのではないかとも、石塚名誉教授は予想している。

使用罪の導入によって、捜査や逮捕から起訴までの手順が、より複雑になってくる。そのために、強引な捜査や逮捕が起きる可能性もある。それらについて、刑事法の専門家も交えて検証していく必要がある。

　また、改正麻向法では、ＴＨＣとともに大麻そのものも規制された。この二重規制では矛盾が生じている。これを解消するために、ＴＨＣ規制に一元化することが重要だ。その上で、無免許の栽培や輸入を厳しく規制し、有資格者については基本的に行政規制とし、悪質な違反者を処罰するためには、小さな違反にも警察が介入する直罰（ちょくばつ）規定よりも、間接罰規定にすることが望ましい。まず行政指導や行政命令を行い、それらにも違反する行為があった場合には罰則を適用する方法だ。

　だがそのためには、自治体薬務課の技術開発と人材育成が必要となるが、大麻にそれだけの人員を割くことは難しいのが現状だ。

　それと並行して、根本問題であるＴＨＣの有害性についての科学的検証も行う必要がある。繰り返しになるが、日本ではＴＨＣがヒトに与える影響について、科学的な検証がなにも行われていないからだ。海外の研究データも参考にしながら、官民一体となって研究する必要があるだろう。

　その結果が、ＣＢＤ製品のＴＨＣ残留限度値の見直しの根拠になる。さらに、麻向法では、ヘロインとＴＨＣが同等に危険な物質として扱われているが、これも見直してほしい。

そのためにも、THCの有害性がどれくらいなのかを、科学的に検証する必要がある。

厚労省では、日本臨床カンナビノイド学会の太組理事長をリーダーとした厚生労働特別研究班が2024年4月に発足し、2025年度も継続していく見込みだ。大いに期待したい。

第一種免許でのヘンプの管理や取り扱いに対して、無用な規制が行われていないか。定められた管理体制に改善点はないのか。市場を形成するために、どのような障害が発生しているのか。種子の問題や逮捕者の社会復帰のこと、大麻由来医薬品のさらなる規制緩和など、見直すポイントは、山ほど出てくるだろう。

それらをデータとして蓄積し、官民一体となって見直しに向かっていきたい。

大麻草研究所設立に向けた試み

現在、筆者らは、前述のかんな高原農場を母体とした大麻草研究所の設立を準備している。日本初、民間の大麻草研究所だ。

これには、丸井弁護士や石塚名誉教授をはじめとした研究者、CBD関係者、事業家など、さまざまな分野から賛同者が集まってきている。彼らと勉強会を重ね、各省庁や関係者の意見を求め、準備を進めている。必ずや実現したい。

品種の開発や登録だけでなく、分野を問わず大麻草を研究したい外部プロジェクトと提携するなど、開かれた研究所にし、官民が一体となり、多くのひとが日本の大麻草を有効活用できるようになるための研究を目指している。

世界中で巻き起こった「グリーンラッシュ」は、そろそろ落ち着きはじめ、各国が社会状況と折り合いをつけながら、大麻草の規制緩和へと向かっている。

その最後尾ながら、日本も歩み出したところだ。

今後、さまざまな問題も出てくるだろう。しかし今までのように、大麻をタブー視して、ダメなものはダメという姿勢で臨む時代は終わりつつある。

なにがダメで、なにがよいのか。ヒステリーでもなく、思考停止でもなく、この問題について冷静に分析し取り組んでいくことが、最も大切なことだろう。

「ある問題を引き起こしたのと同じマインドセットのままで、その問題を解決することはできない」といったのはアインシュタインだった。

「あなたが望むような世界へと変えていくために、あなた自身がその変化になりなさい」と説いたのはガンジーだった。

これは、２００９年の拙著『大麻入門』にも記した言葉だ。

戦後初めての、大麻草の有効活用を目的とした法改正をきっかけに、戦後に作られた大麻のイメージを捨て去り、日本の新たな大麻文化を作り出すことこそが、失いかけている日本のアイデンティティを取り戻すきっかけになるのではないだろうか。

＊

最後になったが、執筆にあたり、資料や助言をくださった丸井英弘先生、赤星栄志氏、正高佑志氏、石塚伸一先生をはじめ、快く取材を受けてくださった方々や関係者に御礼を述べたい。

なお、大麻栽培や品種登録などについては、赤星氏が、『ヘンプ読本』の続編で紹介してくれる予定なので、そちらも参考にしてほしい。

あたらしい時代がはじまる。日本がふたたび、麻のある豊かな暮らしを取り戻せることを信じて、この本を終わりにする。

最後まで読んでいただき、ありがとうございました。

２０２４年12月13日　書斎にて

参考資料

(書籍)
『ドラッグの社会学 向精神物質をめぐる作法と社会秩序』佐藤哲彦(世界思想社)
『日本人のための大麻の教科書「古くて新しい農作物」の再発見』大麻博物館(イースト・プレス)
『悪法!!「大麻取締法」の真実』船井幸雄(ビジネス社)
『マリファナ・ブック 環境・経済・医薬まで、地球で最もすばらしい植物=大麻の完全ガイド』ローワン・ロビンソン・著、オルタード・ディメンション研究会・編、麦谷尊雄・訳、望月永留・訳(オークラ出版)
『大麻の社会学』山本奈生(青弓社)
『ヘンプ読本 麻でエコ生活のススメ』赤星栄志(築地書館)
『チョコレートからヘロインまで』A・ワイル・著、W・ローセン・著、ハミルトン遥子・訳(第三書館)
『種は誰のものか?』岡本よりたか(キラジェンヌ)
『憲法から考える実名犯罪報道』飯島滋明・編著(現代人文社)
『CBDの科学 大麻由来成分の最新エビデンス』リンダ・パーカー・著、エリン・ロック・著、ラファエル・ミシューラム・著、三木直子・訳、日本臨床カンナビノイド学会・監訳(築地書館)
『世界大麻経済戦争』矢部武(集英社新書)
『ナチュラル・マインド ドラッグと意識に対する新しい見方』アンドルー・ワイル・著、名谷一郎・訳(草思社)
『ヘンプ・ビューティをはじめよう 植物の力が生み出す肌と心の潤い生活』塩田恵(ビーエービージャパン)
『CBDエッセンシャルガイド』Project CBD・著、三木直子・訳(晶文社)
『ボクの手塚治虫』矢口高雄(毎日新聞出版)
『マリファナ・ハイ』マリファナ・ハイ編集会・編(第三書館)
『マリファナ・ナウ』マリファナ・ナウ編集会・編(第三書館)
『カトマンズでLSDを一服』植草甚一(晶文社)
『ジャズとビートの黙示録 人種、ドラッグ、アメリカ文化』マーティン・トーゴフ・著、山形浩生・訳、森本正史・訳(日本評論社)
『お医者さんがする大麻とCBDの話』正高佑志(彩図社)
『医療マリファナの奇跡』矢部武(亜紀書房)
『ヘンプがわかる55の質問 ヘンプ(大麻)の基礎知識』赤星栄志(日本麻協会)
『稗と麻の哀史(郷土の研究)』高橋九一(翠楊社)
『真面目にマリファナの話をしよう』佐久間裕美子(文藝春秋)
『大麻草解体新書』大麻草検証委員会・編(明窓出版)
『大麻解禁の真実』矢部武(宝島社)

『医療大麻の真実 マリファナは難病を治す特効薬だった！』福田一典（明窓出版）
『もうやめよう嘘と隠しごと 健康大麻という考え方』中山康直、丸井英弘、長吉秀夫（ヒカルランド）
『不思議によく利く薬草薬木速治療法』松島種美（大倉廣文堂）
『大麻大全』阿部和穂（武蔵野大学出版会）
『クローズアップ実務1 職務質問』警察実務研究会（立花書房）
『大麻使用は犯罪か？ 大麻政策とダイバーシティ』石塚伸一、加藤武士、長吉秀夫、正高佑志、松本俊彦（現代人文社）
『なぜ大麻で逮捕するのですか？』長吉秀夫（Naviss）
『大麻入門』長吉秀夫（幻冬舎）
『医療大麻入門』長吉秀夫・著、医療大麻を考える会・監修（キラジェンヌ）
『大麻 禁じられた歴史と医療への未来』長吉秀夫（コスミック出版）

（WEB）
日本経済新聞「大麻を「最も危険」分類から削除 医療用、国連委が承認」2020年12月3日
https://www.nikkei.com/article/DGXMZO66935310T01C20A2I00000/
公明党「てんかんの発作抑制」2024年6月18日
https://www.komei.or.jp/komeinews/p353937/
LEAF of the WEEK「How You Can Help Remove Cannabis Ban from Sports」May 25, 2019
https://leafoftheweek.com/cannafitness/how-you-can-help-remove-cannabis-ban-from-sports/
The BLUNTNESS「Is Now the Time for Sports Leagues to Embrace Sponsorship from Cannabis Brands?」May 17, 2021
https://www.thebluntness.com/posts/sports-leagues-and-cannabis-brands
NATURECAN「CBDアイソレートとCBDディスティレートの違いは何ですか？」2020年7月28日
https://www.naturecan.jp/a/blog/cbd/whats-the-difference-between-cbd-isolate-and-cbd-distillate/
HARPER'S「Legalize It All」April, 2016
https://harpers.org/archive/2016/04/legalize-it-all/
YAHOO!「アメリカが大麻非犯罪化に動き出した！」2022年10月12日
https://news.yahoo.co.jp/expert/articles/b25fdff5dafd2d238df3e3161acc416f2e27b021
麻薬・覚せい剤乱用防止センター「薬物乱用防止のための情報と基礎知識」
https://www.dapc.or.jp/kiso/31_stats.html
朝日新聞GLOBE+「「アルコールやたばこ、大麻より有害」と指摘した国際NGOリポートの中身」2019年9月25日
https://globe.asahi.com/article/12708952

財務省「令和5年の全国の税関における関税法違反事件の取締り状況」
https://www.mof.go.jp/policy/customs_tariff/trade/safe_society/mitsuyu/cy2023/index.htm
東京税関成田税関支署 報道発表「大麻の押収量が過去5年間で最大」
https://www.customs.go.jp/tokyo/yun/20220216tekihatsujokyo_nrt.pdf
財務省「令和4年の全国の税関における関税法違反事件の取締り状況」
https://www.mof.go.jp/policy/customs_tariff/trade/safe_society/mitsuyu/cy2022/index.htm
UNITED NATIONS「UN experts call for end to global 'war on drugs'」June 23,2023
https://www.ohchr.org/en/press-releases/2023/06/un-experts-call-end-global-war-drugs
産経新聞「オバマ大統領も吸っていた! 米国はもはや「マリファナ天国」」2016年9月12日
https://www.sankei.com/article/20160912-PBAEEIF7EZJDJOFKT7IAQJG7RU/
集英社新書プラス「バイデン大統領の「大麻恩赦」は米国と日本に何をもたらすか」2022年10月12日
https://shinsho-plus.shueisha.co.jp/news/21413
FNNプライムオンライン「「麻の活用」勉強会スタート 安倍元首相、森山氏ら参加」2022年4月27日
https://www.fnn.jp/articles/-/353093?display=full
毎日新聞「産業用大麻の活用拡大へ 自民有志が勉強会 安倍氏ら呼びかけ」2022年4月27日
https://mainichi.jp/articles/20220427/k00/00m/010/360000c
「大麻草検証委員会 活動報告」2014年1月2日
https://ameblo.jp/nagayoshi/entry-11741513496.html
日本経済新聞「医療・産業用の大麻活用を促進へ 自民有志が勉強会」2023年3月16日
https://www.nikkei.com/article/DGXZQOUA162EK0W3A310C2000000/
Japan Times alpha Online「Japan's cannabis market growing rapidly」2024年5月24日
https://alpha.japantimes.co.jp/zenyaku/science_health/202405/114298/
Research Gate「Drug harms in the UK: A multi-criterion decision analysis」(The Lancet) November, 2010
https://www.researchgate.net/publication/285843262_Drug_harms_in_the_UK_A_multi-criterion_decision_analysis/

(雑誌)
「マリワナについて陽気に考えてみよう」『宝島』1975年10月号(JICC出版)
「大麻レポート」『宝島』1977年12月号(JICC出版)

「特集:大麻・カンナビノイド」『ファルマシア』2016年9月号(日本薬学会)
『HEMP LIFE』2017年10月号(キラジェンヌ)
「安倍昭恵 大麻で町おこし」『週刊SPA!』2015年12月15日号(扶桑社)
「安倍昭恵が薦める大麻グッズ図鑑」『週刊SPA!』2016年4月5日号(扶桑社)
「特集:大麻 国際情勢と精神科臨床」『精神科治療学』2020年1月号(星和書店)
植木昭和「大麻の有害性について」『法律のひろば』1972年8月号(ぎょうせい)
「縄文原体の素材選択」『縄文時代』2020年5月(縄文時代文化研究会)
「考古資料からみた植物性繊維の利用実態の解明」『作物研究』62巻(2017年、近畿作物・育種研究会)
赤星栄志「医療・嗜好・産業・伝統分野における日本の大麻政策の動向」『人間科学研究』第21号(2024年、人間科学研究編集委員会)
長吉秀夫「大麻元年 日本の大麻の未来を見つめる」『ザ・フナイ』2024年3月号(船井本社)
長吉秀夫「医療大麻解禁」『ザ・フナイ』2024年4月号(船井本社)
長吉秀夫「新たな産業の可能性を考える」『ザ・フナイ』2024年5月号(船井本社)
長吉秀夫「大麻合法化を牽引するCBD」『ザ・フナイ』2024年6月号(船井本社)
長吉秀夫「CBDによるメディカルとウェルネス」『ザ・フナイ』2024年8月号(船井本社)
長吉秀夫「大麻と人権」『ザ・フナイ』2024年9月号(船井本社)
長吉秀夫「大麻取締法改正の未来と問題」『ザ・フナイ』2024年10月号(船井本社)

(論文・報告書)
「日本におけるカンナビジオール製品の使用実態に関する横断調査」正高佑志・杉山岳史・赤星栄志・新垣実(日本統合医療学会誌) 2022年
「農作物としての「大麻」の用語史」赤星栄志 2019年3月
「日本のアサ栽培研究における施肥基準の変遷」赤星栄志 2018年3月
「日本における産業用大麻の普及のための品種問題」赤星栄志 2017年3月
「ポリフェノールの機能性」小瀬木一真、山田千佳子、和泉秀彦(Nagoya Journal of Nutritional Sciences 第1号、2015年)
「令和5年度大麻・けし都道府県別除去状況」厚労省
「世界アンチドーピング規程2023禁止表国際基準」2023年1月発効

(冊子)
「アグリビジネス創出フェア 出展報告書」北海道ヘンプ協会 2022年10月
「タネを守ろう!」日本の種子(たね)を守る会 2021年9月
「政策提言ノート 大麻草の責任ある合法規制のための原則」IDPC 2020年9月
「大麻:健康上の観点と研究課題」世界保健機構 1997年4月
「医療大麻を考える会 会報Vol.5」2016年12月

著者略歴

長吉秀夫
ながよしひでお

ノンフィクション作家。

大麻問題を考える任意団体「クリアライト」副代表理事。

東京国際カナビス映画祭プロデューサー。

ステージプロデューサーとして活動する傍ら執筆をはじめ、
一九九九年に『不思議旅行案内　僕らは神秘の中を行く』（大和出版）でデビュー。

その後、大麻やストリートカルチャー、スピリチュアリティなどを題材とした執筆や
講演会を行っている。大麻に造詣が深く、
法改正や大麻草を活用した環境改善に関する活動を一九八〇年代から続けている。

著書に『大麻入門』（幻冬舎新書）、

『大麻　禁じられた歴史と医療への未来』（コスミック出版）、

『もうやめよう嘘と隠しごと　健康大麻という考え方』（共著・ヒカルランド）、

『ドラッグの品格』（ビジネス社）、『なぜ大麻で逮捕するのですか？』（Naviss）、

『大麻使用は犯罪か？　大麻政策とダイバーシティ』（共著・現代人文社）など。

幻冬舎新書 754

あたらしい大麻入門

二〇二五年一月三十日　第一刷発行

著者　長吉秀夫
発行人　見城 徹
編集人　小木田順子
編集者　茅原秀行

発行所　株式会社 幻冬舎
〒一五一-〇〇五一　東京都渋谷区千駄ヶ谷四-九-七
電話　〇三-五四一一-六二一一(編集)
　　　〇三-五四一一-六二二二(営業)
公式HP　https://www.gentosha.co.jp/

ブックデザイン　鈴木成一デザイン室

印刷・製本所　株式会社 光邦

Printed in Japan　ISBN978-4-344-98757-9 C0295
な-5-2

*この本に関するご意見・ご感想は、左記アンケートフォームからお寄せください。
https://www.gentosha.co.jp/e/

GENTOSHA

幻冬舎新書

田中修
ありがたい植物
日本人の健康を支える野菜・果物・マメの不思議な力

日本人の健康を支える、ありがたい植物たち。和食に使われる植物と、「日本人における野菜の摂取量ランキング」第一位のダイコンから第二〇位のチンゲンサイまでを中心に、その不思議な力を紹介。

田中修　丹治邦和
植物はなぜ毒があるのか
草・木・花のしたたかな生存戦略

トリカブトのようなものだけではなく、実は多くの植物が毒を持つ。それは植物の生存戦略だった。なぜ、そのような物質をつくるのか。様々な毒と特徴、有毒植物と人間の関わりを楽しく解説。

中野信子
脳内麻薬
人間を支配する快楽物質ドーパミンの正体

人間がセックス、ギャンブル、アルコールなどの虜になるのは「ドーパミン」の作用による。だが実はドーパミンは人間の進化そのものに深く関わる物質でもあるのだ。「気持ちよさ」の本質に迫る。

倉垣弘志
薬物売人

田代まさし氏への覚醒剤譲渡で２０１０年に逮捕された著者は、あらゆる違法薬物を売り捌いていた。自らも依存症だった元売人が明かす、薬物売買の内幕。逮捕から更生までを赤裸々に描く。